Hermann Scherer

W0078804

30 Minuten

Fragetechnik

Bibliografische Information der Deutschen Nationalbibliothek

Die Deutsche Nationalbibliothek verzeichnet diese Publikation in der Deutschen Nationalbibliografie; detaillierte bibliografische Daten sind im Internet über http://dnb.d-nb.de abrufbar.

Umschlaggestaltung: die imprimatur, Hainburg
Umschlagkonzept: Martin Zech Design, Bremen
Lektorat: Diethild Bansleben
Satz: Zerosoft, Timisoara (Rumänien)
Druck und Verarbeitung: Salzland Druck, Staßfurt

Hinweis:
Das Buch ist sorgfältig erarbeitet worden. Dennoch erfolgen alle Angaben ohne Gewähr. Weder Autor noch Verlag können für eventuelle Nachteile oder Schäden, die aus den im Buch gemachten Hinweisen resultieren, eine Haftung übernehmen.

Printed in Germany

ISBN 978-3-86936-318-9

In 30 Minuten wissen Sie mehr!

Dieses Buch ist so konzipiert, dass Sie in kurzer Zeit prägnante und fundierte Informationen aufnehmen können. Mithilfe eines Leitsystems werden Sie durch das Buch geführt. Es erlaubt Ihnen, innerhalb Ihres persönlichen Zeitkontingents (von 10 bis 30 Minuten) das Wesentliche zu erfassen.

Kurze Lesezeit

In 30 Minuten können Sie das ganze Buch lesen. Wenn Sie weniger Zeit haben, lesen Sie gezielt nur die Stellen, die für Sie wichtige Informationen beinhalten.

- Alle wichtigen Informationen sind blau gedruckt.

- Schlüsselfragen mit Seitenverweisen zu Beginn eines jeden Kapitels erlauben eine schnelle Orientierung: Sie blättern direkt auf die Seite, die Ihre Wissenslücke schließt.

- *Zahlreiche Zusammenfassungen innerhalb der Kapitel erlauben das schnelle Querlesen.*

- Ein Fast Reader am Ende des Buches fasst alle wichtigen Aspekte zusammen.

- Ein Register erleichtert das Nachschlagen.

Inhalt

Vorwort

„Wie hoch ist der Himmel? Haben Engel zwei oder vier Flügel? Krieg ich das kleine Feuerwehrauto da vorne?" Kinder fragen, weil sie die Welt verstehen oder wenn sie etwas haben wollen. Und zwar immer wieder. Manche fragen uns „Großen" ohne Unterlass die sprichwörtlichen „Löcher in den Bauch". Und wir Erwachsenen? Fragen wir auch so häufig? Wie fragen wir? Warum fragen wir? Setzen wir unsere Fragen gezielt ein oder fragen wir „einfach so"? Lässt sich die Art und Weise, wie wir fragen, optimieren?

Fragen ist doch kinderleicht! Oder?

Wenn Sie im Bekanntenkreis das Thema Fragen anschneiden, werden Sie vermutlich Kopfschütteln ernten. Sie stellen fest, dass sich die wenigsten Menschen jemals Gedanken darüber gemacht haben, in welcher Situation Fragen sinnvoll sind und ob der Ausgang eines Gesprächs von der jeweiligen Fragetechnik beeinflusst wird. Fragen sei doch kinderleicht und bedürfe keines Trainings, erklärt man Ihnen.

Doch dem ist nicht so! Nur derjenige nutzt das Erfolgspotenzial des Fragens voll aus, der mit Strategie fragt. Dazu ist es notwendig,

- die Frageformen der jeweiligen Gesprächsstufe anzupassen,
- eine Unterhaltung mittels Fragetechnik zu strukturieren,

- stets die unterschiedlichen Zwecke der verschiedenen Frageformen im Auge zu haben,
- mittels eines geschickten Frage-Designs zu überzeugen,
- als Verkäufer zum Lösungsexperten zu werden.

Im vorliegenden Buch erfahren Sie alles wirklich Wissenswerte über die unterschiedlichsten Frageformen. Außerdem bringen wir Ihnen nahe, bei welchen Gelegenheiten Sie diese am besten einsetzen. Im zweiten Teil des Buches geht es dann um die konkrete Anwendung und die Feinheiten fortgeschrittener Fragestrategien – am Beispiel des Verkaufs. Denn bei Überzeugungsprozessen lässt sich ohne Zweifel mit cleveren Fragestrategien am meisten „bewegen".

An Beispieldialogen lernen!
Der Weg zum strategischen Fragen lässt sich durch Beispieldialoge optimal darstellen. Sie erleichtern den Transfer in den Alltag, räumen Unklarheiten aus und helfen dabei, das Gelernte nachhaltig und abrufbar zu verankern. Deshalb wurde diesen praxisrelevanten Umsetzungsmustern viel Platz eingeräumt.
In diesem Sinne verbindet dieses Buch Theorie und Praxis. In nur 30 Minuten werden Sie zielgerichteter, systematischer, reflektierter und damit erfolgreicher fragen – beruflich und privat!
Viel Erfolg auf dem Weg zur perfekten Fragetechnik wünscht Ihnen
Ihr Hermann Scherer   *www.unternehmen-erfolg.de*

30 MINUTEN

1. Was sich mit Fragen erreichen lässt

Wer ein Ziel hat, muss fragen. Ohne Fragen kein Informationsaustausch. Nur wer fragt, kann etwas herausfinden, jemanden überzeugen, Lösungen finden.

1.1 Ohne Fragen keine Kommunikation

Fragen stehen praktisch immer am Beginn eines Dialogs und öffnen uns die Tür zu unserem Gesprächspartner. Wenn zwei Menschen miteinander sprechen, müssen sie Fragen stellen, sonst reden sie unweigerlich aneinander vorbei. Es gehört schlicht zum Wesen der Kommunikation, dass sie durch Fragen strukturiert wird! Eine geschickte Fragetechnik verhilft dazu, eine positive Atmosphäre zu schaffen und mehr Informationen über den Verhandlungspartner und dessen Ziele in Erfahrung zu bringen. Nur wer fragt, kann optimal auf die Wünsche des anderen eingehen.

Fragen können ...
- Interesse am Gesprächspartner bekunden
- Einen Konsens zwischen zwei Gesprächspartnern herbeiführen
- Informationen vermitteln
- Probleme darstellen
- Raum zur Selbstdarstellung schaffen
- Handlungsmotive aufzeigen
- Überzeugen
- Verführen ...

1.2 Das Gespräch steuern

„Wer fragt, der führt", lautet ein bekannter Lehrsatz. Konkret bedeutet das: Fragen helfen uns, ein Gespräch in eine bestimmte Richtung zu steuern.

Beispiel gefällig?

„Sie wollen auch Geld sparen?" Wer würde diese Frage nicht mit „Ja" beantworten? Und damit seinem Gesprächspartner die Möglichkeit eröffnen, das Gespräch gezielt in die gewünschte Richtung zu lenken.

Da jede Frage nach einer Beantwortung verlangt, bleibt einem Befragten gar nichts anderes übrig, als sich mit dem Inhalt einer an ihn gestellten Frage auseinander zu setzen. Mithilfe von Fragen gelingt es uns, das Interesse eines Gesprächspartners auf bestimmte Themen zu führen und mit relativ geringem Aufwand schnell und effektiv an unser Ziel zu gelangen.

Ein einfacher Dialog zeigt auf, wie diese Steuerung aussehen kann:

1 „Wobei kann ich Ihnen behilflich sein?"
   Gesprächspartner nennt sein Bedürfnis.
2 „Suchen Sie ...?"
   Gesprächspartner präzisiert seinen Wunsch.
3 „Wollen Sie x, oder bevorzugen Sie y?"
   Gesprächspartner entscheidet sich.

Fragen haben eine Lenkungsfunktion,
- wenn wir unseren Partner auf bestimmte Punkte aufmerksam machen wollen,
- wenn sich ein Gespräch/eine Diskussion an einem bestimmten Punkt „verhakt" hat,
- wenn Sie ein anderes Thema anschneiden möchten bzw. auf das Ursprungsthema zurückkommen wollen.

Gezielte Fragen helfen dabei, das Gespräch in eine Richtung zu lenken!

1.3 Die Probleme definieren

Fragen sind unersetzlich, wenn es darum geht, ein bestimmtes Problem genau zu erfassen. Nur indem wir fragen, gelingt es uns, den Kern eines Problems zu erkennen. Fragen sind überaus nützliche Werkzeuge – gerade für Überzeugungsprozesse. Mithilfe wohl überlegter Fragen erzeugen wir ein Problembewusstsein auf Seiten unseres Gegenübers und schaffen so die Basis für unseren Erfolg.

Idealerweise zielen die Fragen dabei darauf ab, den Gesprächspartner dazu zu bringen, sich selbst über seine Probleme klar zu werden. Selbst wenn unser Gegenüber sein Problem bereits kennt, macht es durchaus Sinn, hier nachzuhaken – der Kunde fühlt sich dann richtig verstanden.

Doch Vorsicht: Vor allem in/bei
- *projektvorbereitenden Besprechungen*
- *Beratungsgesprächen*
- *Verkaufsgesprächen*

ist eine genaue Problemdefinition zwingend.

1.4 Missverständnisse ausräumen

„Wer nicht fragt, bleibt dumm", heißt es im Titelsong einer berühmten Kindersendung. Wie wahr: Fragen verhindern, dass zwei Protagonisten aneinander vorbei reden. Sie helfen uns dabei, Situationen einzuschätzen, Sachverhalte zu klären, Probleme zu präzisieren, Ziele und Motive in Erfahrung zu bringen.

Speziell in einer Beratungssituation gibt es nichts Peinlicheres, als dem Kunden ausführlich von den tollen Eigenschaften eines Produktes vorzuschwärmen, das der gar nicht haben will. Fragen Sie erst, ehe Sie Antworten geben! Es gilt: Die richtige Lösung für das falsche Problem ist schlimmer als die falsche Lösung für das richtige Problem.

Um Missverständnisse im Verlauf eines Gesprächs auszuräumen sind besonders geeignet:

- Situations-/ Informationsfragen
- Verständnisfragen
- Kontroll- bzw. Bestätigungsfragen

1.5 Lösungen finden

Mithilfe gezielter Fragestellungen können wir so viele Informationen über den Kunden/Gesprächspartner sammeln, dass wir ihm am Ende einer Besprechung wirkliche Handlungsalternativen aufzeigen oder anbieten können. Eine lösungsorientierte Fragestrategie bildet auch die solideste Basis für ein kompetentes Verkaufsgespräch. Wer die richtigen Lösungen finden will, darf auf eine ausführliche Bedarfsanalyse nicht verzichten.

30 *Die Lösung eines Problems ist die Hauptfunktion einer zielgerichteten Fragestrategie.*

Diese baut auf den anderen Funktionen auf: Wer zu einem erfolgreichen Abschluss kommen will, muss ein Gespräch in Gang bringen und steuern, Probleme definieren und Missverständnisse vermeiden.

1.6 Grundvoraussetzung für gezieltes Fragen: das aktive Zuhören

„Am besten überzeugt man andere mit den Ohren – indem man ihnen zuhört." (Dean Rusk)

Kein Gespräch kommt ohne aktives Zuhören aus! Nur wer „richtig" zuhört, kann „richtig" fragen und ein Gespräch „richtig" steuern! Das aktive Zuhören zeigt Ihrem Gesprächspartner, dass Sie sich in seine Situation hineinversetzen und seine Standpunkte nachvollziehen. Dies erzeugt eine positive Gesprächsatmosphäre, schafft Akzeptanz und Vertrauen.

Was ist aktives Zuhören?

Aktives Zuhören baut darauf, den inneren Zustand des Gesprächspartners, seine Bedürfnisse, Gefühle, Empfindungen wahrzunehmen und wieder „zurückzusenden".

Wie das geht? Ganz einfach ...

Zunächst einmal erfassen Sie alle Botschaften, die Ihnen Ihr Gegenüber übermittelt. Und zwar nicht nur die tatsächlich gesprochenen Worte, sondern auch das „Drumherum":

- Blick
- Körperhaltung
- Mimik und Gestik

Versuchen Sie nun die Gesamtheit dieser Informationen zu verstehen. Hinterfragen Sie für sich vor allem, was Ihr Gesprächspartner empfindet, und geben Sie ihm dann verbal (und nonverbal) Rückmeldung. So signalisieren Sie Ihrem Partner, dass Sie seine Probleme, Gefühle und Wünsche akzeptieren. Ihr Gegenüber fühlt sich verstanden und ernst genommen.

Methoden & Instrumente

Um Ihrem Gegenüber das notwendige Feedback geben zu können, sollten Sie das ganze Repertoire der Möglichkeiten nutzen:

- Ein Blickkontakt ist Zeichen Ihrer Bereitschaft zur Kommunikation, Ihrer Offenheit gegenüber dem Partner.
- Ihre Gestik bringt Ihre Anteilnahme und Ihre aufnahmebereite Zuwendung zum Ausdruck.

- Jedes Zeichen der zustimmenden Bestätigung wirkt bestärkend. Dies kann durch Bewegungen oder auch verbal – zum Beispiel mit einem neutral gesprochenen „Ja", einem „Aha" oder der kurzen Wiederholung einer Kernaussage – erreicht werden.
- Achten Sie auf Sprechpausen Ihrer Gesprächspartner. Und machen Sie dann auch deutlich, dass Sie über das Gesagte nachdenken. Zeigen Sie bei längeren Pausen bewusst Ihre aufnahmebereite Zuwendung.
- Und: Fragen Sie! Zur Öffnung Ihres Gesprächspartners, zur Vertiefung Ihres Verständnisses! Offene Situationsfragen oder Kontrollfragen sind hier am besten geeignet.

Ich-Botschaften

Ich-Botschaften stellen ein wichtiges Instrument des aktiven Zuhörens dar. Ich-Botschaften schaffen eine Atmosphäre von Offenheit und helfen Ihnen dabei, das Vertrauen Ihres Gesprächspartners zu gewinnen. Dabei handelt es sich um Aussagen, in denen der Berater seine Gefühle und eigenen Erfahrungen mitteilt, z.B.

„Ich habe selbst ein Problem mit komplizierten Handys."
„Ich habe auch gute Erfahrungen mit dieser Gangschaltung gemacht."

Als Antwort auf die Situationsbeschreibung bzw. Problembeschreibung eines Kunden oder Gesprächspartners neigen wir häufig dazu, diese sofort zu analysieren und zu beurteilen. Oft bieten wir sofort eine Problemlösung an. Dies kann eine offene Gesprächsatmosphäre beeinträchtigen. Mit „übereilten" Situationsbeurteilungen verlieren Sie unter Umständen völlig unnötig an Glaubwürdigkeit. „Ich"-Botschaften, in denen Sie Ihre eigenen Gedanken/Erfahrungen mitteilen, werden dagegen als sympathisch empfunden. Der Gesprächspartner/Kunde fühlt sich eingeladen, sein Problem weiter zu vertiefen. Und liefert Ihnen so wichtige Anhaltspunkte für Ihr weiteres Vorgehen!

Warum aktives Zuhören?

Aktives Zuhören ...

- verbessert und vertieft die Beziehung zwischen Gesprächspartnern durch das Gefühl: „Mein Gegenüber versteht mich",
- verschafft Ihnen auf diese Weise eine Vielzahl indirekter Einflussmöglichkeiten,
- hilft Ihrem Gesprächspartner, sein „Problem" bzw. seinen „Bedarf" selbst zu erkennen – und erschließt Ihnen dadurch weitere wichtige Ansatzpunkte für zielgerichtete Fragen, Problemlösungsvorschläge etc.

Was es zu beachten gilt

- Die Methode des aktiven Zuhörens ist kein Trick, kein mechanisches Werkzeug. Ohne echte Signale der Akzeptanz und der Sympathie, ohne eine glaubwürdige „Ich-kann-Sie-gut-verstehen"-Haltung werden Sie damit dauerhaft keinen Erfolg haben! Ihr Gesprächspartner soll sich mit seinen Problemen, Einstellungen, Gefühlen, Standpunkten, Wünschen etc. gut bei Ihnen aufgehoben fühlen.

- Aktives Zuhören bedeutet: Nur das rückmelden, was gesendet wurde. Senden Sie keine eigenen Ratschläge, Urteile etc., die so genannten „Du"- bzw. „Sie"-Botschaften" aus. Verwenden Sie ausschließlich echte „Ich"-Botschaften!
- Werden Sie nicht ungeduldig! Ein Gespräch muss nicht immer sofort zu einer Lösung führen.
- Schlagen Sie nach dem erfolgreichen Öffnen der „Gesprächstüre" diese nicht sofort wieder zu, indem Sie zunächst durch aktives Zuhören eine vertrauensvolle Atmosphäre schaffen und die offenen Mitteilungen dann gegen Ihren Gesprächspartner verwenden.

Aktives Zuhören ist eine wichtige Voraussetzung für ein erfolgreiches Gespräch. Indem Sie Ihrem Gegenüber Verständnis für seine Situation signalisieren, schaffen Sie eine wertvolle Vertrauensbasis und kommen auf diese Weise an Informationen, die für Ihre Fragestrategie von großer Bedeutung sein könnten. Die Methode des aktiven Zuhörens ist daher eine wichtige Ergänzung Ihrer Fragetechnik.

30 MINUTEN

2. Die grundsätzlichen Fragentypen

Ob Sie mit einer „Fragenstrategie" Erfolg haben, hängt vor allem davon ab, welche Fragentypen Sie einsetzen. Wichtig ist, diese zu unterscheiden bzw. die jeweiligen Stärken (und Schwächen) richtig einzuschätzen.

2.1 Fragensystematik

Wenn Sie 100 Sprach- oder Rhetorikexperten nach ihrem Fragentypisierungssystem befragen würden, erhielten Sie wohl 100 verschiedene Antworten. Lassen Sie sich dadurch bitte nicht verwirren. Die Namen mögen zwar manchmal unterschiedlich sein – das Grundsystem an sich bleibt doch immer gleich.

Entscheidend für die korrekte Auswahl des jeweils „richtigen" Fragentyps ist die Frage, wie stark und in welcher Art und Weise der einzelne, formal definierte Fragentyp die Antwortmöglichkeiten einschränkt. Folgendes Schaubild verdeutlicht dies:

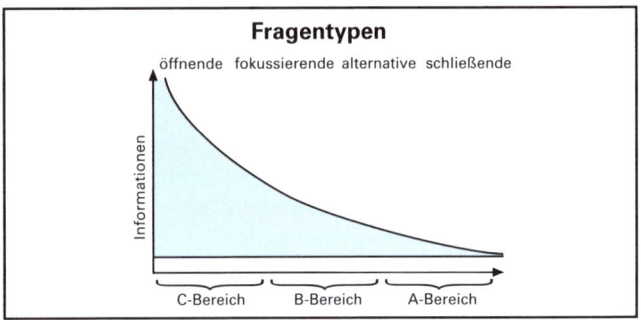

Fragentypen

öffnende fokussierende alternative schließende

Informationen

C-Bereich   B-Bereich   A-Bereich

Erläuterung

Die am stärksten begrenzenden Fragentypen lassen dem Befragten bei der Formulierung seiner Antwort keine Wahlmöglichkeit (A-Bereich). Im Extremfall gibt es sogar nur eine einzige Antwort, die die gestellte Frage sinnvoll beantwortet. Etwas weniger begrenzend sind Fragentypen, bei denen unter zwei (oder einer begrenzten Anzahl) von klar definierten Antworten ausgewählt werden kann (B-Bereich). Wenn nicht eingegrenzt wird, kann der Befragte seine Antwort tatsächlich – oder scheinbar – völlig frei auswählen und/oder selbst formulieren (C-Bereich).

2.2 Schließende Fragen

Schließende Fragentypen eröffnen dem Gefragten nur eine beschränkte Anzahl von Antwortmöglichkeiten. Deswegen bezeichnen manche diesen Fragentyp auch als „geschlossen".

Meiner Ansicht nach zu Unrecht, denn ein anderer Aspekt ist viel entscheidender:

Schließende Fragen beschließen eine Gesprächseinheit.

30

Mit ihnen wird aus Sicht des Fragenden klar gemacht, „was Sache ist". Nach einer Antwort auf eine schließende Frage wird es schwer, die Position des Antwortenden noch einmal zu verändern.
Eine schließende Frage einzusetzen, kann also auch zu unerwünschten Ergebnissen führen – und sollte deshalb immer sehr sorgfältig abgewogen werden.

Die klassische schließende Frage
Bei der klassischen schließenden Frage steht am Anfang des Satzes immer ein Verb:

- „Wollen Sie ...?"
- „Gehen Sie ...?"
- „Wären Sie ...?"
- „Würden Sie ...?"

Die Beantwortung einer solchen klassischen schließenden Frage erfolgt in der Regel mit „Ja" oder „Nein".

Dies dient einem Begriff oder einer ganz bestimmten Information. Das kann die Kommunikation zwar in bestimmten Situationen erleichtern – zum Beispiel, wenn Sie eine Bestätigung wünschen oder Entscheidungen suchen. Andererseits kann es die Kommunikation auch enorm erschweren, beispielsweise, wenn Sie Informationen benötigen oder das Gespräch erst einmal ins Laufen bringen wollen.

Viele Gespräche sind gerade wegen des zu häufigen Gebrauchs von schließenden Fragen gescheitert, da die meisten Menschen die Antwortalternative wählen, die „bequemer" oder „einfacher zu bewältigen" ist – oder/ und deshalb auch gerne dazu neigen, zuerst einmal „Nein" zu sagen.

Der Nutzen

Schließende Fragen eignen sich zur Ermittlung von Vorab- und/oder Zusatzinformationen oder zur Klarstellung oder Betonung wichtiger Details eines Gesprächs. Vor allem, wenn Sie kurz und knapp eine Information einholen bzw. schnell und zielgerichtet zu einer übereinstimmenden Entscheidung kommen wollen, sind schließende Fragen ideal.

Gesprächssituationen & Beispiele

Es gibt klassische Situationen, für die sich die schließende Frage hervorragend eignet ...

Situation I:
Laie und Profi

Stellen Sie sich folgende Szene vor: Ein Verkäufer berät einen Kunden beim Kauf eines Trainingsschuhs. Dieser hat gerade mit dem Laufen angefangen und deshalb nur sehr vage Vorstellungen davon, welche Eigenschaften seine neuen Schuhe haben müssen. Nachdem dem Verkäufer diese Tatsache schnell klar geworden ist, kann er mit einer entsprechenden schließenden Frage („Sie laufen noch nicht so lange?") seine Beratungsposition deutlich herausstellen, zugleich das Gespräch in die Hand nehmen und durch sich daran anschließende öffnende Fragen („Auf welchem Untergrund laufen Sie denn überwiegend?") den Kunden zu den wirklich entscheidenden Punkten führen, die es beim Kauf eines Laufschuhs zu beachten gilt.

Situation II:
Gezielte Ursachenforschung

In Ihrer Abteilung ist während Ihres Urlaubs etwas schief gelaufen. Niemand will die Verantwortung übernehmen. Wortkarg und achselzuckend schieben die Mitarbeiter die Schuld auf die anderen. Sie ahnen schon, wo „der Hund begraben liegen" könnte und wollen sich dem Problem ganz logisch nähern. Durch schließende Fragen „schalten" Sie eine Reihe möglicher Ursachen aus.

Beispiel

„Hat Frau Meier Ihnen die Liste mit den Bestellungen gegeben?"

„ ... Nein, Frau Meier war kurzfristig erkrankt."

„Hat es eine Krankheitsvertretung gegeben?" – „Ja."

„Hat die Krankheitsvertretung etwas von einer Liste erwähnt?" – „Ja, aber sie meinte, das hätte Zeit, bis Sie wieder da sind."

Ergebnis: Bei der Übergabe zur Krankheitsvertretung hat es eine Fehlinformation gegeben!

Tipp: Die schließenden Fragen legen die beteiligten Personen unwiderruflich auf bestimmte Positionen fest. Das kann erwünscht sein. Unter Umständen empfiehlt es sich allerdings, zuerst mit einer öffnenden Frage zu beginnen, die dem Befragten alle Antwortmöglichkeiten offen lässt („Was ist denn eigentlich genau geschehen?") und erst später auf schließende Fragen überzuwechseln, falls keine befriedigenden Antworten kommen (als Ultima ratio ...).

Schließende Fragen sind in bestimmten Fällen gute Werkzeuge, in denen eine Bestätigung erzielt werden soll. Mithilfe einer schließenden Frage können Sie im Verlauf des Gesprächs das Erreichen einer bestimmten Gesprächsetappe bestätigen und so den Verhandlungsfortschritt kontrollieren.

Vorsicht

Bei schließenden Fragen kann sich der Gesprächspartner nur sehr eingeschränkt zum Sachverhalt äußern. Dieser Fragentyp eignet sich nicht, wenn Sie Bedürfnisse, Motive oder Hintergründe aufdecken wollen. Werden so mehrere schließende Fragen hintereinander gestellt, entsteht beim Gesprächspartner schnell der Eindruck eines „Verhörs", was dem Gesprächsklima nicht dienlich ist. Fragen wie diese werden oftmals in Abschlusssituationen eingesetzt und wirken nicht nur plump („Wollen Sie dieses Produkt nun kaufen?"), sondern werden dadurch auch oft verneint.

Bitte beachten Sie: Die meisten Menschen stellen fast ausschließlich schließende Fragen und viel zu wenig öffnende Fragen.

Schließende Fragen erleichtern die Kommunikation in Situationen, in denen ein Sachverhalt zielgerichtet bestätigt werden muss oder wenn ein Verhandlungsziel angestrebt wird. Sie sind ergebnisorientiert und helfen dabei, wichtige Punkte in einem Gespräch herauszustreichen und festzuhalten.

30

Suggestivfrage

In einem hohen Maße „gesprächssteuernd" – um nicht zu sagen: manipulativ – wirkt die Suggestivfrage. Hier handelt es sich um einen Aussagesatz, der in Kombination mit einem beeinflussenden Wort zu einer schließenden Frage umformuliert wird. Beeinflussende Worte sind z.B.: „bestimmt", „gewiss", „sicherlich", „nicht wahr", „doch auch", „etwa", „wohl" usw. Dem Ansprechpartner wird suggeriert, dass diesem oder jenem Sachverhalt zuzustimmen ist.

Der Nutzen

Das Ziel einer Suggestivfrage ist, den Gesprächspartner in eine bestimmte Richtung zu lenken. Vor allem in Situationen, in denen er eine zögernde Haltung an den Tag legt und eine Entscheidung schwer fällt, wird sie oft eingesetzt. Das mag, wenn Sie ein Gespräch gezielt steuern wollen, unter Umständen recht attraktiv erscheinen.

Doch Vorsicht! Immer mehr Menschen erkennen Suggestivfragen und erleben diese als absolut demotivierend. Die „Hardselling-Schule" im Verkauf hat diesen Fragetyp dadurch in Verruf gebracht, dass kaufabgeneigte Kunden damit in der Vergangenheit zigfach doch noch zum Kauf überredet wurden.

Gesprächssituationen und Beispiele

Im Modegeschäft:
„Die Hose sitzt wie angegossen – meinen Sie nicht auch?"
Im Computergeschäft:
„Sie legen doch sicher hohen Wert auf die Sicherheit Ihrer Netzwerkkomponente?"
Im Bewerbungsgespräch:
„Sie haben doch viel Erfahrung im IT-Bereich?"

Noch einmal: Vorsicht!

Bei Suggestivfragen besteht immer die Gefahr, dass Ihr Gesprächspartner Ihre Manipulationsabsicht erkennt und sich darüber (und über Sie) ärgert. Wertvolle Informationen lassen sich mithilfe der Suggestivfragen sowieso nicht gewinnen. Bei diesem Fragentyp spricht ja ausschließlich der Fragesteller. Wer aber die Antwort bereits vorgibt, erfährt nichts ...

Suggestivfragen sind eine Sonderform der schließenden Frage. Sie motivieren den Gesprächspartner, einer bestimmten Aussage zuzustimmen.

Alternativfrage

Die Alternativfrage ist ebenfalls eine Sonderform der schließenden Frage.

Der Gesprächspartner hat die Möglichkeit, zwischen zwei (seltener drei) Alternativen auszuwählen: „Wünschen Sie Rotwein oder Weißwein?"

Hilton, der Besitzer der gleichnamigen Hotelkette, hatte seine Mitarbeiter schon vor vielen Jahren darauf hingewiesen, die Frühstücksgäste nicht zu fragen: „Möchten Sie Eier?", sondern diesen stattdessen die Alternativfrage „Möchten Sie Spiegel- oder lieber Rühreier?" zu stellen.

Der Nutzen

Die Alternativfrage ist in einem noch höheren Maße ergebnisorientiert als die klassische schließende Frage, da sie dem Gesprächspartner nicht nur eine Entscheidung abverlangt, sondern auch die Richtung bzw. die Antwortmöglichkeiten genau vorgibt.

Das Arbeiten mit der Alternativfrage ist somit eine direkte Form der Gesprächssteuerung.

Gesprächssituationen und Beispiele

Vor allem in der Abschlussphase von Verhandlungen oder bei Terminabsprachen sind Alternativfragen sehr beliebt:

- „Treffen Sie noch in diesem oder erst im nächsten Quartal eine Entscheidung?"
- „Soll der Versicherungsschutz am 01.12. oder am 15.12. beginnen?"
- „Wünschen Sie das Modell in Blau oder lieber in Schwarz?"

Während des Verkaufsgesprächs dient die Alternativfrage dazu, den Abschluss zu vereinfachen. Es ist eben leichter zu fragen: „Wann sollen wir liefern? In der Kalenderwoche 7 oder lieber der achten?", statt zu fragen: „Wollen sie nun kaufen? Ja oder nein?"

Mithilfe der Alternativfrage kann der Verkäufer beim zögernden Kunden auch einen gewissen Aha-Effekt erzeugen, wenn es ihm gelingt, den möglichen Basiswunsch des Kunden aus dem Vorgespräch herauszufiltern und daraus eine Alternativfrage abzuleiten.

Beispiel

Der Kunde fragt nach einem sehr speziellen Werkzeug, von dem er gar nicht erwartet, dass dieses noch im Handel erhältlich ist. Der Verkäufer fragt zurück: „Wünschen Sie es in Größe a, b oder c?" Der Kunde ist positiv überrascht.

Doch Vorsicht!

Wie für die schließende Frage im Allgemeinen, so gilt auch für die Alternativfrage: Keineswegs darf sich der Gesprächspartner durch eine solche Frage in die Enge gedrängt fühlen!

Der Fragesteller muss sicher sein, dass sich der Partner überhaupt für eine der Alternativen entscheiden kann oder will. Das heißt, die Vorsignale müssen eindeutig zuzuordnen sein!

Alternativfragen sind mit den schließenden Fragen verwandt. In einer fortgeschrittenen Gesprächssituation verhelfen Alternativfragen zur Klärung von Details und somit dazu, Verhandlungen zu einem schnellen Abschluss zu bringen.

30

Weitere schließende Frageformen

Es gibt eine Vielzahl weiterer schließender Frageformen, die sich insbesondere bezüglich ihrer Wirkung auf den Gesprächspartner und auf die Entwicklung des Gesprächsverlaufs unterscheiden. Es ist deshalb wichtig, sie zu kennen, um sie gegebenenfalls gezielt einzusetzen.

Rhetorische Frage

Die rhetorische Frage ist eine Pseudofrage, auf die keine Antwort erwartet wird. Sie baut auf scheinbar allgemeingültigen Aussagen auf.

Beispiele

- „Wer kennt nicht das Problem ...?"
- „Wer hat nicht schon einmal ...?"

Nutzen

Mithilfe der rhetorischen Frage können Sie die Aufmerksamkeit des Gesprächspartners gewinnen und ihn zugleich auf eine gewünschte Sichtweise eines Themas einstimmen.

Verneinende Frage

In den allermeisten Fällen ist es schwer, auf eine verneinende Frage – ganz abgesehen von der verneinenden und damit oftmals negativen Prägung – grammatikalisch richtig zu antworten. Unbewusst verwenden wir diese Frageart viel zu häufig und legen damit schon das Fundament für eine uns nachteilige Antwort.

Beispiele

- „Hätten Sie Lust mit mir auszugehen?"
- „Wäre das nicht auch interessant für Sie?"

- „Könnten Sie sich nicht auch vorstellen, ... ?"
- „Ist das da nicht Ihr Koffer?"

Reflektierende Frage

Diese schließende Frageform eignet sich vor allem, wenn Sie die negative Aussage eines Gesprächspartners durch die Fokussierung auf von der Negativaussage nicht betroffene Aspekte gezielt auffangen wollen.
Die reflektierende Frage thematisiert also immer vom Gesprächspartner ausdrücklich nicht erwähnte Themendetails und lenkt dadurch von einer negativen Hauptaussage ab.

Beispiel

Wenn Ihr Gesprächspartner sagt: „Ihr Beweis Nummer 2 stimmt doch nicht!", können Sie reflektierend fragen: „Sie stimmen also den anderen neun Beweisen zu?"

Bestätigungs- bzw. Kontrollfrage

Die Bestätigungsfrage eignet sich besonders gut dafür, Teilergebnisse eines Gesprächs zu sichern. Sie vergewissern sich dadurch scheinbar, ob Sie Ihren Gesprächspartner richtig verstanden haben. Tatsächlich bestätigen Sie ihn durch eine solche Frage noch einmal in seinem Zwischenurteil (auf das Sie ja weiter aufbauen können!) und signalisieren ihm zugleich, wie sehr Sie an seinen Wünschen interessiert sind. Die Bestätigungs- bzw. Kontrollfrage ist also ebenfalls eine Pseudofrage.

Beispiel

„Halten wir bis hierhin fest: Sie möchten eine Kapitallebensversicherung abschließen und diese mit einer Berufsunfähigkeitsversicherung kombinieren?"

Der Nutzen

Durch gezielte Bestätigungs-/Kontrollfragen unterstreichen Sie diejenigen Aussagen, die Ihnen für die eigene Argumentation am nützlichsten erscheinen!

Motivierende Frage

Bei der motivierenden Frage kennen Sie die Antwort im Regelfall schon vorher sehr genau. Die motivierende Frage zielt auch überhaupt nicht auf einen Informationsgewinn ab. Sie soll den Gesprächspartner oder Kunden vor allem zu einer Gesprächsfortsetzung motivieren. Häufig enthält sie deshalb ein geschickt verpacktes Kompliment für den Gesprächspartner:

- „Haben Sie nicht erst kürzlich eine Auszeichnung für ... erhalten?"
- „Sie als Fachmann sehen das doch auch so ... ?"

Der Nutzen

Dieser Fragentyp wirkt sich besonders positiv auf das Gesprächsklima aus!

Hinführende Frage

Eine hinführende Frage wird gestellt, um die Aufmerksamkeit des Zuhörers auf ein Thema oder auf einen

Gesprächspunkt zu lenken. Sie führt ebenfalls zu einer Antwort, die Ihnen bereits bekannt ist bzw. von Ihnen erwünscht ist.

Beispiel

„Haben Sie schon einmal daran gedacht, die Tourenplanung mithilfe der EDV durchzuführen?"

Der Nutzen

Mit diesem Fragentyp können Sie Ihren Gesprächspartner ganz gezielt führen!

Sondierungsfrage

Stellen Sie Sondierungsfragen, um spezifische Informationen vom Gesprächspartner zu erhalten. Sie kann sowohl in schließender als auch in öffnender Form gestellt werden.

Beispiele

- „Wären Sie grundsätzlich an einer Vereinfachung des Verfahrens interessiert?" (schließende Form)
- „Wie versenden Sie bislang größere Frachtgüter?" (öffnende Form)

Der Nutzen

Sondierungsfragen helfen dabei, Anhaltspunkte dafür zu gewinnen, wie das Gespräch strategisch und inhaltlich am besten geführt wird.

2.3 Öffnende Fragen

Öffnende Fragen unterscheiden sich von schließenden dadurch, dass sie dem Gesprächspartner eine wesentlich breitere Palette an Antwortmöglichkeiten ermöglichen. Somit werden mehr Informationen gewonnen. Manche Autoren bezeichnen diesen Fragentyp auch als „offene Fragen" oder „W-Fragen". Beide Bezeichnungen halte ich persönlich für verwirrend.

Denn:

1. Dieser Fragentyp öffnet zwar in vielen Fällen ein Gespräch, trotzdem ist die Bandbreite der Antwortmöglichkeit in den seltensten Fällen völlig offen.
2. Die Bezeichnung „W-Fragen" halte ich deshalb für verwirrend, weil diese Fragen zwar in vielen Fällen mit so genannten „W-Fragewörtern" (wer, wie, was, wann, wo, warum, weshalb, wieso, weswegen, wie viel, womit, wozu, welche) beginnen, aber umgekehrt ist nicht jeder Fragesatz, der mit einem „W" beginnt, automatisch eine öffnende Frage!

Folgende Sätze beginnen zwar mit einem „W" – sind aber keine öffnenden Fragen:
- „Wären Sie bereit ...?"
- „Würden Sie bitte ...?"
- „Wollen Sie ...?"
- „Werden Sie ...?"

Der Nutzen

Öffnende Fragen gebrauchen Sie immer dann, wenn Sie eine individuelle Antwort und möglichst umfangreiche Informationen erhalten möchten. Grund: Durch eine öffnende Frage wird der Angesprochene dazu gebracht, bei seiner Antwort wirklich ins Detail zu gehen. Öffnende Fragen können in aller Regel nicht mit „Ja" oder „Nein" beantwortet werden, sondern nur mit einem vollständigen Satz! Statt nichtssagenden Plattitüden oder formelhafter Höflichkeitsfloskeln erhalten Sie als Fragender auf eine öffnende Frage in der Regel konkrete Aussagen mit inhaltlicher Tiefe. Kurzum: Mit öffnenden Fragen erfahren Sie, was für Sie und den weiteren Verlauf des Gesprächs wirklich wichtig ist!

Die fokussierende Frage

Auch wenn die Bandbreite der Antworten bei öffnenden Fragen normalerweise größer ist als bei schließenden – es gibt durchaus auch öffnende Fragen, die ein Gespräch einleiten können, aber nur wenige, ja unter Umständen sogar nur zwei Antwortmöglichkeiten offen lassen. Sie können allerdings – im Gegensatz zu schließenden Fragen – nicht mit „Ja" oder „Nein" beantwortet werden. Diese spezielle Art öffnender Fragen nenne ich „fokussierende" Fragen.

Beispiele für fokussierende Fragen
- „Wie geht es Ihnen?"   „Gut"
- „Welche Farbe hat Ihr Auto?"   „Blau"

- „Wann sind Sie geboren?" „1964"
- „Wie alt sind Sie?" „40"
- „Wo leben Sie?" „In Deutschland"
- „Wer hat Sie gefahren?" „Hans"
- „Mit was sind Sie gefahren?" „Mit dem Zug"
- „Was machen Sie morgen?" „Arbeiten"

Der Nutzen

Mit diesen Fragen bekommen Sie genau die Informationen, die Sie benötigen. Sie eignen sich weniger dazu, ein Gespräch in Gang zu bringen, da Ihr Gesprächspartner Ihnen mit nur einem oder wenigen Worten antworten kann.

Ein Sondertyp der fokussierenden Frage ist übrigens die Informationsfrage. Sie dient dazu, ganz bestimmte Sachverhalte in Erfahrung zu bringen.

Beispiele

- „Wie viele Mitarbeiter hat Ihr Unternehmen?"
- „Welche Versicherungen haben Sie bislang abgeschlossen?"

Die Antworten auf solche Informationsfragen sind vor allem in der „Analysephase" eines Gespräches sehr wichtig, weil die damit recherchierten Informationen den weiteren Gesprächsverlauf gezielt beeinflussen.

Ein weiterer Sondertyp der öffnenden Frage ist die Gegenfrage. In Situationen, in denen Sie auf eine an Sie gerichtete Frage nicht sofort eine sinnvolle Antwort wissen, verschafft Ihnen eine Gegenfrage Zeit, weil die Antwort darauf für Sie grundsätzlich nicht wichtig ist (die Bandbreite also – im Gegensatz zu einer schließenden Frage – komplett ausgeschöpft werden kann). Die gewonnene Zeit können Sie dazu nutzen, mit der besten, und nicht der erstbesten Aussage zu antworten. Durch Ihre Gegenfrage wird Ihr Gesprächspartner dazu gezwungen, seine Frage zu präzisieren.

Beispiele
- „Habe ich richtig verstanden, ...?"
- „Was verstehen Sie unter ...?"

Der Nutzen

Mit einer Gegenfrage können Sie die Gesprächsführung in Ihrem Sinne wieder an sich ziehen, ohne die Frage zu beantworten. Natürlich darf dies nicht zu häufig geschehen, wie in diesem Beispiel: „Sie stellen ja immer nur Gegenfragen?" Antwort: „Ja warum denn nicht?"

Die ganz öffnende Frage

Ganz öffnende Fragen lassen Ihrem Gesprächspartner alle Antwort-„Freiheiten" und erschließen Ihnen dadurch in aller Regel umfassende Informationen.

Beispiele
- „Welche Meinung vertreten Sie bezüglich der geplanten Reformen?"

- „Welche Erfahrungen haben Sie mit ... gemacht?"
- „Wie würden Sie die Lage in ... einschätzen?"
- „Was halten Sie von dem Vorschlag von Herrn Müller?"

Warnung: Logischerweise sind auch bei ganz öffnendenFragen überaus destruktive Antworten mit keinem oder äußerst geringem Informationsgehalt möglich.

Beispiel
Frage: „Was sagen Sie zu der Unternehmensstrategie?"
Antwort: „Gar nichts".

Die Regel ist das allerdings nicht. Vielmehr wird Ihr Gesprächspartner durch die Offenheit der Fragengestaltung zu einer umfassenden und informativen Antwort animiert. Auf der Basis ganz öffnender Fragen lassen sich Gespräche oftmals sehr einfach weiter vertiefen, da die ausgiebigen Antworten eine Fülle weiterer Anknüpfungspunkte ermöglichen.
Wichtig: Die Qualität der Antworten hängt dabei nicht in erster Linie davon ab, welches Fragewort eingesetzt wird, sondern davon, wie konkret die Zielorientierung des Fragesatzes ausgeprägt ist.

Beispiel 1
- „WELCHE Farbe hat Ihr Auto?" Diese WELCHE-Frage wird mit der Angabe einer Farbe kurz und knapp beantwortet und zählt damit zu den fokussierenden Fragen.

Beispiel 2

• „WELCHE Anforderungen stellen Sie an das neue EDV-System?" Diese Frage mit dem gleichen Fragewort WELCHE lässt dem Gesprächspartner dagegen eine Vielzahl von Antwortmöglichkeiten – die Zielorientierung ist wesentlich weniger stark ausgeprägt.

Grundsätzlich gilt:

Die Fragewörter ... Wann, Wer, Wo (und alle abgeleiteten Fragewörter wie Womit, Wodurch, Wofür) fokussieren in den meisten Fällen wesentlich stärker als andere.

Das Fragewort Wie (jedoch nicht alle Derivate – z.B. wie viel, wie oft, wie lange, wie fest ...) sowie die Fragewörter Was, Warum, Weshalb, Weswegen und Welche können dagegen sowohl für fokussierende Fragen als auch für ganz öffnende Fragen eingesetzt werden.

Hier noch einmal die zentralen Unterschiede zwischen den Hauptfrageformen:

Typ	Öffnende Fragen	Schließende Fragen	
Ziel	Information		Bestätigung
	Öffnende	fokussierende	
Info	Hoch	mittel	gering

Gesprächssituationen & Beispiele

Die folgenden Beispiele verdeutlichen noch einmal die unterschiedlichen Stärken und Schwächen dieser Hauptfragetypen:

Situation I:
Im Kaufhaus

Einmal angenommen, Sie interessieren sich für eine bestimmte Kamera, haben aber keinerlei Vorwissen und auch keine festgelegten Präferenzen. Sie möchten also erst einmal Grundsätzliches über die Eigenschaften der Kamera herausfinden. Dann stellen Sie also zum Beispiel die öffnenden Fragen:

„Welche besonderen Funktionen hat diese Kamera? Für welche Einsatzbedingungen eignet sie sich besonders? Was sind die Stärken dieser Kamera?"

Durch diese Art zu fragen erfahren Sie einerseits viel Wissenswertes über die Kamera, zugleich auch manches über die Kompetenz des Verkäufers. Wenn der Kundenberater kompetent ist, wird Ihr Interesse geweckt und Sie werden gezielte Nachfragen stellen. So entwickelt sich aus einer öffnenden Frage ein fruchtbarer Dialog.

Ganz anders ...

Sollten Sie dagegen schon klare Vorstellungen davon haben, was die Kamera konkret leisten muss, sind gezielte Ja-Nein-Fragen, also „schließende geschlossene Fragen", ideal. Mit diesen Fragen können Sie ganz genau überprüfen, ob das Profil des Produktes mit Ihren Erwartungen übereinstimmt.

Situation II:
Das Vorstellungsgespräch

Der Personalleiter möchte den Bewerber näher kennen lernen und gibt ihm deshalb durch öffnende Fragen die Möglichkeit, sich selbst umfassend darzustellen. Er fragt also zum Beispiel: „Was hat Sie zu diesem Beruf gebracht?" oder „Was interessiert Sie an dieser Stelle?"

Erst im Anschluss daran wird er gezielte fokussierende oder schließende Fragen einsetzen, um Profilübereinstimmungen oder -abweichungen festzuhalten.

Vorsicht!

Nicht jede öffnende Frage wird Ihnen sofort zu umfassenden Informationen verhelfen. Lassen Sie Ihrem Gesprächspartner Zcit, sich zu „entfalten". Führen Sie das Gespräch behutsam bis an den Punkt, der Sie wirklich interessiert.

Ganz wichtig: Setzen Sie Warum-Fragen nur nach sorgfältiger Prüfung ein! Dieser Fragentyp impliziert meist unbewusst einen versteckten Vorwurf. Statt also beispielsweise zu fragen: „Warum haben Sie das getan?", verwenden Sie besser die Formulierung „Welche Absicht verfolgen Sie damit?"

Ganz öffnende Fragen sind W-Fragen, mit denen Informationen gesammelt werden können und mit deren Hilfe man dem Gesprächspartner individuelle und umfassende Aussagen entlockt. Mithilfe von öffnenden Fragen gelingt es Ihnen, Sachzusammenhänge zu verstehen und den Wissensstand des Gesprächspartners einzuschätzen. Auf diesen Erkenntnissen können Sie dann Ihre weitere Fragestrategie aufbauen.

2.4 Weitere Fragentypen

Wie bereits mehrfach dargestellt, ist die Vielfalt der Bezeichnungen für die verschiedenen Fragentypen und -systeme schier unendlich. Meiner Meinung nach ist es nicht wichtig, diese alle mit entsprechenden Fachbegriffen unterscheiden zu können. Letztlich lassen sich die „äußeren" Unterschiede ja fast immer auf den Aspekt der Bandbreite der Antwortmöglichkeiten zurückführen.

Beispiel: die „Mäeutik" des Sokrates

Als eines der ältesten Fragensysteme überhaupt gilt unter Experten die so genannte Methode der „Mäeutik" (griech. „Hebammenkunst") oder sokratische Methode. Die „Mäeutik" wurde von Sokrates dafür eingesetzt, anderen seine philosophischen Ansichten auf besonders eindrucksvolle Art und Weise nahe zu bringen.

Ähnlich wie die Hebamme half Sokrates, so sagte er, bei der Geburt des Gedankens. Im einzelnen unterscheidet man dabei drei Untermethoden:

1. Die Methode der Ironie besteht darin, den Gesprächspartner in Widersprüche zu verwickeln und so das Nichtwissen zu offenbaren.
2. Die Methode der Induktion verdeutlicht anhand einzelner Beispiele aus dem alltäglichen Leben die allgemeine Gültigkeit in vielen Fällen.
3. Die Methode der Definition verlangt ein allmähliches Aufsteigen zur korrekten Begriffsdefinition aus vorläufigen Ausgangsdefinitionen.

Mäeutik ist also die Grundhaltung, den Anderen, der die Möglichkeit des Erkennens in sich trägt, in seinem eigenen Erkenntnisprozess zu unterstützen. Denn letztlich erkennt und akzeptiert niemand, was er nicht selbst entdeckt hat.

30 MINUTEN

3. Fragen in Überzeugungs-prozessen

Auf den folgenden Seiten werden wir die zuvor etwas allgemeiner beschriebenen Grundlagen am Beispiel des Verkaufs weiter vertiefen. Denn gerade da liegt in der richtigen Fragenstellung das A und O des Erfolgs.

3.1 Warum sind Fragen gerade für den Verkauf so wichtig?

Oder anders gefragt: Warum ist eine durchdachte Fragenstrategie gerade für Verkäufer und Vertriebsmitarbeiter absolut entscheidend?

Ganz einfach: Um die individuellen Wünsche eines Kunden wirklich kennen zu lernen, ist eine gründliche Analyse unerlässlich. Und eine solche Analyse ist ohne Fragen schlichtweg nicht zu machen.

Speziell im Fall von beratungsintensiven Produkten oder Dienstleistungen gliche ein Verkäufer, der auf eine solche Untersuchung verzichten würde, einem Arzt, der seinen Patienten sofort nach Betreten des Behandlungszimmers ein Rezept ausstellt, ohne jemals die Frage „Was haben Sie denn für Beschwerden?" gestellt zu haben. So ein Vorgehen ist unsinnig. Deshalb gilt: Ohne Anamnese keine Diagnose.

Bedeutung der Analyse für den Verkaufsprozess
Im Idealfall liefert ein Analysegespräch dem Verkäufer durch geeignete Fragen eine Vielzahl von verkaufsrelevanten Informationen – zum Beispiel über die konkrete Situation des Kunden, seine Probleme, die der Kaufentscheidung vorgelagerten Prozesse usw.

Darüber hinaus veranlassen die Fragen den Kunden unter Umständen überhaupt erst einmal dazu, ein Problembewusstsein zu entwickeln. Nur wer die Situation in ihrer Gesamtheit erkennt, kann ein Gespür für die Dringlichkeit der Lösungsfindung entwickeln – was wiederum die Entscheidungsfreudigkeit und die Entscheidungssicherheit stärkt.

Dementsprechend analysiert der erfolgreiche Verkaufsprofi die Kundensituation vor einem möglichen Verkauf so gründlich, dass er alle wesentlichen Zusammenhänge und die spezielle Problematik des Einzelkunden wirklich kennt. Ein positives Gesprächsbeispiel sähe für ihn demzufolge so aus:

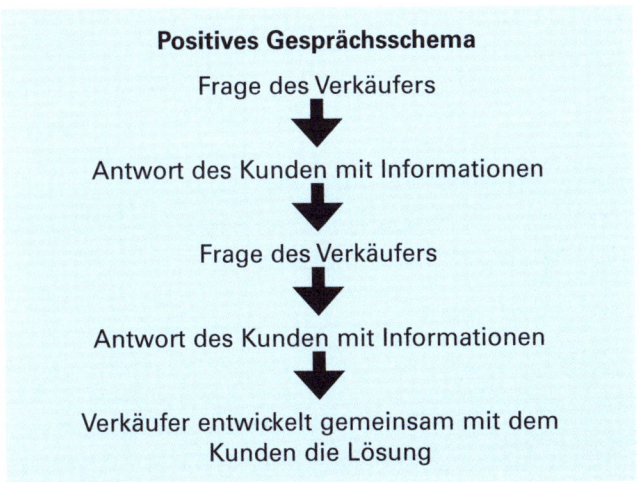

Positives Gesprächsschema

Frage des Verkäufers

⬇

Antwort des Kunden mit Informationen

⬇

Frage des Verkäufers

⬇

Antwort des Kunden mit Informationen

⬇

Verkäufer entwickelt gemeinsam mit dem
Kunden die Lösung

Was bedeutet das für Kunde und Verkäufer?

- Der Verkäufer hat viele Informationen gewonnen.
- Der Kunde ist sich über seinen Bedarf klarer.
- Der Kunde erkennt die Dringlichkeit einer Kaufent-
  scheidung.
- Der Kunde gewinnt Entscheidungssicherheit.

Leider sieht die Realität in vielen Fällen völlig anders
aus. Oft werden Analysegespräche vorzeitig vom Verkäufer abgebrochen, weil dieser (zu früh) meint, bereits über alle wesentlichen Informationen zu verfü-
gen. Die in solchen Gesprächssituationen verbleibende
Zeit wird dann meist nicht mehr sinnvoll genutzt –
oder allenfalls dafür, einfach weitere Produkte, Syste-

me, Dienstleistungen anzubieten. Diese negative Gesprächsentwicklung wird an folgendem Schema deutlich.

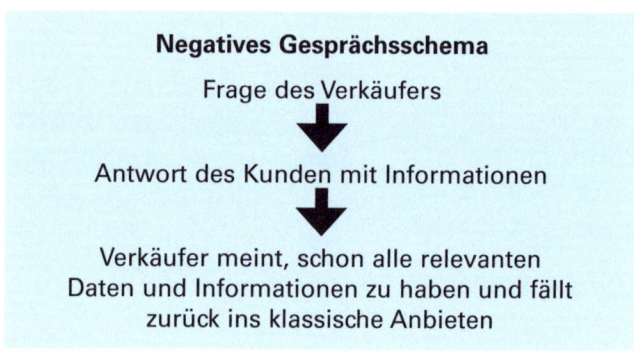

Negatives Gesprächsschema

Frage des Verkäufers

Antwort des Kunden mit Informationen

Verkäufer meint, schon alle relevanten
Daten und Informationen zu haben und fällt
zurück ins klassische Anbieten

Was bedeutet das für Kunde und Verkäufer?

- Der Verkäufer hat nur wenige Informationen gewonnen.
- Der Kunde erkennt seinen Bedarf nicht deutlicher.
- Der Kunde sieht nicht die Dringlichkeit einer Kaufentscheidung.
- Der Kunde gewinnt keine Entscheidungssicherheit.

Das grundlegende Problem bei einer solchen Vorgehensweise: Wird eine Verkaufsanalyse von einem Verkäufer nur sehr oberflächlich vorgenommen, besteht die große Gefahr, dass er das zentrale Hauptproblem des Kunden, das dieser gelöst haben möchte, überhaupt nicht erkennt. Der Verkäufer konzentriert sich statt dessen bei seiner Argumentation auf ein „vorgelagertes" Thema und nicht auf das Kernproblem. Er berät am Kundenbedarf „vorbei"!

Und wenn der Kunde trotzdem kauft?

Logischerweise gelingt es guten Verkäufern auch in solchen Situationen immer wieder, ihre Waren oder Dienstleistungen an den Mann (oder die Frau) zu bringen. Nur: Der Kunde merkt meist sehr schnell, dass dieser Kauf sein (ihr) Kernproblem nicht wirklich löst. Die Folgen: Der Frustrationspegel steigt. Die Wiederkaufsbereitschaft sinkt!

Ein konkretes Beispiel

Als vor einigen Jahren die ersten Digitalkameras auf den Markt kamen, führten Mitarbeiter meines Unternehmens im Auftrag eines Kunden Testkäufe durch. Meine Mitarbeiter eröffneten dabei das Verkaufsgespräch jeweils mit den Worten: „Guten Tag, ich hätte gerne eine Digitalkamera!" In neun von insgesamt zehn Fällen stellte das Verkaufspersonal daraufhin verschiedene Digitalkameras mit all ihren technischen Möglichkeiten vor. Nur ein einziger Verkäufer stellte die alles entscheidende Frage: „Für was möchten Sie die Digitalkamera denn überhaupt verwenden? Was wollen Sie damit genau machen?"

Vermutlich hätten alle angebotenen Digitalkameras ihren Zweck hervorragend erfüllt. Der entscheidende Punkt: Nur bei dem Verkäufer, der von sich aus nachfragte, fühlte sich der Testkäufer wirklich wohl! Nur von diesem Verkäufer fühlte er sich angenommen und verstanden – und zwar ganz unabhängig davon, ob die übermittelten Auskünfte ausschlaggebend für die Kaufentscheidung waren! Die auf einer Bedarfanalyse aufbauende zielorientierte und individualisierte Nutzenargumentation fördert die Kaufmotivation und baut Entscheidungssicherheit auf, der Kunde hat nach einem solchen Kauf „ein gutes Gefühl".

Die Vorteile der Bedarfsanalyse mittels zielgerichteter Fragen:

- Der Verkäufer bietet die Lösung zum Problem an.
- Es entsteht mehr Vertrauen beim Kunden.
- Einwände treten seltener auf, da die Präsentation genau den Bedarf trifft.
- Es wird weniger über den Preis verhandelt, da dieser aufgrund der zusätzlichen Beratungsleistung für den Kunden von geringerer Bedeutung ist.
- Die Verhandlungszeiten werden kürzer.
- Die Kundenbindung erhöht sich, dem Kunden wird viel Arbeit abgenommen.
- Das Verkaufen ist entspannt, da keine Leistungen aufgedrängt werden. Stattdessen wird der Kunde bei der Problemlösung unterstützt.

3.2 Der Unterschied zwischen Produktverkauf und Lösungsverkauf

Produktverkauf

Dieses Verkaufs-„System" trägt seinen Namen nicht, weil damit „nur" konkrete Produkte verkauft werden. Vielmehr lassen sich damit Dienstleistungen oder komplexe Produktgruppen veräußern. Entscheidend ist, dass der Verkaufsvorgang an sich nahezu ausschließlich darin besteht, Produkt- (bzw. Dienstleistungs- oder Produktgruppen-) Vorteile darzustellen. Der Verkäufer preist seine Ware an – geht aber nicht auf die spezifische Situation des Kunden ein.

Deswegen sind Fragen auch kein elementarer Bestandteil des Produktverkaufs. Für das Anpreisen seines eigenen Produktes benötigt der Verkäufer keine Informationen des potenziellen Käufers.

Lösungsverkauf

Das Verkaufssystem des „Lösungsverkaufs" stellt dagegen das Problem bzw. die Kundenbedürfnisse in den Mittelpunkt des Verkaufsgesprächs. Der Verkäufer bietet dem Kunden kein Produkt an, sondern vielmehr eine Lösung für ein Problem, das dem Kunden zuvor vielleicht gar nicht bewusst war. Um auf diese Weise zu verkaufen, sind umfassende Informationen über den Kunden und sein Umfeld unerlässlich. Ein Lösungsverkäufer ist gezwungen, den potenziellen Käufer sehr zielgerichtet und umfassend zu befragen! Aus diesem Grund wird der Lösungsverkauf (oder englisch: „Solution Selling") auch als „Consultative Selling" bezeichnet. „Verkaufen" ist beim Lösungsverkauf also immer im Sinne eines beratenden Verkaufens zu verstehen.

Was sind die wesentlichen Unterschiede dieser beiden Verkaufssysteme?

Der Produktverkauf zeichnet sich meist durch Folgendes aus:

- Die angebotenen Produkte, Systeme, Anlagen oder Dienstleistungen sind weniger komplex.
- Produkte, Systeme, Anlagen oder Dienstleistungen und Preise stehen im Vordergrund.
- Der Verkäufer übernimmt die Rolle eines „Anbieters".
- Die Kaufentscheidung wird oft schon beim ersten (spätestens beim zweiten) Gespräch getroffen.
- Das Gespräch ist weniger komplex und weniger tiefgehend.
- Die langfristigen Auswirkungen der Kaufentscheidung sind von geringer Bedeutung.
- Die Kundenbeziehung ist meist kurzfristig.

Der Lösungsverkauf zeichnet sich dagegen vor allem durch Folgendes aus:

- Die angebotenen Produkte, Systeme, Anlagen oder Dienstleistungen sind komplex.
- Die Lösung eines Kundenproblems steht im Vordergrund.
- Der Verkäufer übernimmt die Rolle eines „Beraters".
- Die Kaufentscheidung wird oft erst nach einer ganzen Reihe von Gesprächen getroffen.
- Das Gespräch ist komplex und tiefgehend.
- Die langfristigen Auswirkungen der Kaufentscheidung sind von größerer Bedeutung.
- Die Kundenbeziehung ist meist lang anhaltend.

Vor- und Nachteile

Beim Lösungsverkauf ist die Gefahr, den Kunden an einen Mitbewerber zu verlieren, weitaus geringer als beim Produktverkauf. Zudem steht der Preis nicht so sehr im Gesprächsmittelpunkt. Die Gefahr der „Preisfeilscherei" lässt sich dadurch viel besser in den Griff bekommen. Es ist allerdings zu bedenken, dass nur wirklich gut ausgebildete Verkäufer in der Lage sind, eine Analyse so durchzuführen, dass sie als zuverlässige Grundlage für einen echten „Lösungsverkauf"" taugt.

Die folgende Tabelle fasst noch einmal alle wesentlichen Unterschiede zusammen:

Vergleich Produktverkauf – Lösungsverkauf

Usual Selling – Produktverkauf	Solution Selling – Lösungsverkauf
Preis steht im Vordergrund.	Lösung steht im Vordergrund.
Außendienst = Verkäufer	Außendienst = Berater
Verkäufer muss oftmals um den Auftrag „betteln".	Die benötigte Lösung weckt einen Kaufwunsch.
Produkt steht im Vordergrund.	Prozesse des Kunden stehen im Vordergrund.
Verkäufer benutzt rhetorische Kompetenz. In der Regel: Ein-Gespräch-Verkauf	Verkäufer benutzt Lösungskompetenz. In der Regel: Mehr-Gespräch-Verkauf
Entscheidung wird zumeist in Anwesenheit des Verkäufers getroffen.	Entscheidungen werden oft in Diskussionen mit anderen Beteiligten (in Abwesenheit des Verkäufers) getroffen.
Oftmals von situativem Enthusiasmus geprägt.	Nachhaltige Entscheidungssicherheit hält länger als einige Tage vor.
Nur weniger als die Hälfte aller „Schlüsselelemente" der Verkaufspräsentation sind dem Kunden nach einer Woche noch in Erinnerung.	Der Kunde ist sich seines konkreten oder durch den Verkäufer vermittelten Bedarfs langfristig bewusst.

Hard-Selling-Verkäufer reduzieren die Wahrscheinlichkeit der Wiederholungskontakte.	Wiederholungswahrscheinlichkeit ist höher.
Wertbewusstsein zweitrangig	Wertbewusstsein erstrangig
In der Regel kurzfristige Kundenbeziehung	In der Regel dauerhafte Kundenbeziehung
Verkäufer und Produzent leicht von einander zu trennen.	Verkäufer und Produzent schwer von einander zu trennen.
geringes Fehlerrisiko	größeres Fehlerrisiko
Kleine Außenwirkung	größere Außenwirkung
normale Vorsicht	größere Vorsicht
Kundenbedürfnis entwickelt sich in der Regel: • schnell • betrifft in der Regel nur den Kunden selbst • enthält starke emotionale Komponente	Kundenbedürfnis entwickelt sich in der Regel: • langsam • entwickelt sich durch Elemente, Einflüsse u. Impulse anderer • in der Regel rational abgesichert
Es gibt eine Produktvorstellung.	Es gibt ein Analysegespräch.
Kunde wechselt leicht zu anderen Anbietern.	Kunde wechselt kaum zu anderen Anbietern.
Es werden Produkte, Systeme, Anlagen oder Dienstleistungen beschrieben.	Es werden Einsatzmöglichkeiten und diverse Nutzen beschrieben.

Es werden Funktionsweisen von Produkten, Systemen, Anlagen beschrieben.	Es werden mögliche Lösungsszenarien des Kunden dargestellt.
Anbieter unterscheiden sich fast nur über den Preis.	Aus der Lösung resultierende Vorteile (oder Nachteile bei Nichtrealisierung) stehen im Vordergrund.
Die Gefahr, dass sich ein Kunde für einen anderen Anbieter entscheidet, ohne dass wir davon erfahren, ist größer.	Die Chance, dass wir noch Informationen vom Kunden bekommen, sofern er zu einem anderen Anbieter tendiert, ist größer.

Was bedeutet das ganz konkret?

Nun, stellen Sie sich folgende Situation vor: Sie benötigen eine neue Waschmaschine. Auf dem Weg von der Arbeit nach Hause fahren Sie zufällig an einem Schaufenster vorbei, in dem entsprechende Geräte präsentiert werden. Sie halten an und betreten das Geschäft ...

Ein Produktverkäufer erklärt Ihnen nun in aller Ausführlichkeit die Eigenschaften und Spezialleistungen der angebotenen Geräte, ohne Sie zuvor nach Ihren genauen Bedürfnissen befragt zu haben. „Seide- und Handwasch- bzw. Wollprogramm, Energiespartaste, Vollautomatik, Edelstahltrommel, Ultrakurz-Programm." Am Ende nennt er Ihnen für ein besonders leistungsstarkes Gerät auch einen Preis. Zuhause berichten Sie davon. Ihr Partner fragt nach dem Preis und fällt „aus allen Wolken". Dann will sie (er) noch einmal die speziellen Vorzüge des Produktes wissen, doch Sie können sich mit einem Mal, trotz anfänglicher Begeisterung im Schauraum, nur noch an einen Bruchteil der Merkmale erinnern. Es entsteht ein eklatantes Missverhältnis zwischen Preis und Leistung. Sie beschließen ein weiteres Angebot in einem anderen Laden einzuholen.

Gesagt, getan: Am nächsten Tag fahren Sie bei einem anderen Anbieter vorbei und betreten dort den Verkaufsraum ...

Ein Problemlösungsverkäufer stellt Ihnen zunächst einmal einige situationsklärende Fragen. Dabei stellt sich heraus, dass Ihre alte Waschmaschine grundsätzlich noch intakt ist, Ihre Familie aber gerade in eine Altbauwohnung im vierten Stock umzieht und das Bad der neuen Wohnung, wo die Waschmaschine platziert werden soll, sehr beengt ist.

Situation und Problem sind also erfasst: Sie suchen nicht irgendeine, sondern eine Platz sparende Maschine.

Schließlich präsentiert er eine schmale Toploader-Waschmaschine, die ideal in das kleine, neue Bad passen könnte, und stellt Ihnen die vorzüglichen Eigenschaften dieser Maschine vor: Energiesparende, wäscheschonende Programme, leises Schleudern (was ja gerade im vierten Stock sehr angenehm ist) usw. Durch die sorgfältige Analyse Ihrer spezifischen Wohnraumsituation sind Sie für diese Darstellung entsprechend sensibilisiert und können sich deshalb die entsprechenden Argumente auch wesentlich besser einprägen.

Wir sehen: Echte Profis stellen Fragen, bevor sie Antworten geben! Geschickt eingesetzt, helfen diese Fragen uns dabei, etwas über Motive, Ziele und Problemlagen des Kunden herauszufinden. Sie sind Grundlage für eine tiefer gehende Problem- und Bedarfsanalyse. In den allermeisten Fällen wird ein Produkt gekauft, weil man glaubt, mit dem Kauf des Produkts die Probleme zu lösen.

Wie wichtig solch umfassende Analysen mithilfe zielgerichteter Fragen sind, macht eine Untersuchung aus den USA deutlich: Dabei wurden von mehr als 100 Mitarbeitern des Huthwaite-Institutes unter Leitung des Sozialpsychologen Neil Rackham im Rahmen einer 10-jährigen Studie rund 35.000 Verkaufsgespräche von über 10.000 Verkäufern in 27 Ländern untersucht. Dabei ergab sich Folgendes:

- Wirkliche Verkaufsprofis legen das Fundament für den späteren Abschluss in der Bedarfsanalyse- und Demonstrationsphase.
- Vor dem Einsatz irgendeiner Abschlusstechnik übernehmen Profis die Initiative und fragen ihre Kunden, ob entscheidungsrelevante Punkte offen geblieben sind.

- Erfolgreiche Verkäufer fassen bei Gesprächen die entscheidenden Punkte zusammen, bevor sie eine Verpflichtung des Kunden diskutieren.
- Profis „fragen" – entgegen den Empfehlungen vieler Lehrbücher nicht nach dem Abschluss, sondern schlagen dem Kunden den nächsten Schritt vor. Ein „angemessener nächster Schritt" ist dabei eine Verpflichtung, die die Verhandlung dem Abschluss näher bringt und der der Kunde realistischerweise noch zustimmen wird.
- Profis machen den Abschlussversuch gleich beim Erstkontakt, sie arbeiten nach der First-Call-Closing Philosophie: Wann immer der Kunde alle erforderlichen Informationen für den nächsten (den endgültigen) Schritt hat, tun sie alles, um auf Basis dieser Informationen eine Entscheidung herbeizuführen.

Es gibt eine eindeutige, statistisch erfasste Beziehung zwischen dem gezielten Gebrauch von Fragen und dem Verkaufserfolg. Manche Fragentypen sind deutlich erfolgreicher als andere. Wobei eine sinnvolle Fragenkategorisierung, so ein weiteres Ergebnis der Studie, weit über die klassische Unterteilung in „offene" und „geschlossene" Fragen hinausgeht ...

30

Bevor wir in ein Beratungsgespräch einsteigen, holen wir erst einmal die Erlaubnis des Gegenübers ein: Will er überhaupt? Das ist nicht nur höflich, es verhilft uns auch zu einer angenehmen Gesprächsstimmung!

„Haben Sie Interesse an einer Beratung? Bevor ich Ihnen ein Angebot machen kann, benötige ich noch einige Informationen. Darf ich Ihnen einige Fragen stellen, um sicherzugehen, dass ich Ihnen auch wirklich einen Nutzen bieten kann?"

Grundsätzlich gilt: Wer richtig fragt, bekommt auch die richtigen Antworten.

Was Top-Profis von den Durchschnittsverkäufern unterscheidet, ist der planvolle Einsatz von Fragen und der zielgerichtete Mix unterschiedlichster Fragentypen.

Nachdem Sie die formalen Unterschiede in diesem Buch bereits kennen gelernt haben, betrachten Sie nun Folgendes: Welche inhaltlich unterschiedlichen Fragentypen, die speziell für den Überzeugungsprozess relevant sind, gibt es denn überhaupt?

3.3 Die Ist-Zustands-Frage

Ist-Zustands-Fragen dienen dazu, die Ist-Situation des Kunden zu erfassen. Sie bringen den Kunden zunächst einmal überhaupt zum Reden, und zwar – das ist ganz wichtig – über sich! In unserem Beispiel mit dem Waschmaschinenkauf fand der Problemlösungsverkäufer mithilfe von Ist-Zustands-Fragen zunächst heraus, warum Sie sich überhaupt für eine Waschmaschine interessieren: Umzug, beengte Platzverhältnisse, usw. Auf der Grundlage dieser wertvollen Basisinformationen kann ein guter Verkäufer seine Beratungsstrategie aufbauen.

Beispiele für Ist-Zustands-Fragen im Waschmaschinenbeispiel:

- „Was für ein Anliegen haben Sie?"
- „Für welche Zwecke suchen Sie...?"
- „Auf welche Funktionen legen Sie Wert...?"

Weitere Ist-Zustands-Fragen-Beispiele:

- Welchen Bereich im Unternehmen verantworten Sie?
- Welche Bereiche, Aufgaben hatten Sie vorher?
- Wann haben Sie Ihren jetzigen Bereich übernommen?
- Was gefällt Ihnen besonders an Ihrer derzeitigen Position?
- Was hat sich seit ... geändert (verbessert, gesteigert...)?
- Mit welchem Lieferanten arbeiten Sie zur Zeit?
- Wie haben Sie ihn ausgewählt?
- Was gefällt Ihnen daran?
- Wie groß ist Ihr Budget?

- Wie wird Ihr Entscheidungsprozess ablaufen?
- Wer ist noch an der Entscheidung beteiligt?
- Wann müssen Sie eine Entscheidung treffen?
- Wie beteiligt sich Ihre Firmenleitung am Entscheidungsprozess?
- Wie viel Zeit haben Sie dafür aufgewendet?
- Was sagen Ihre Anwender über dieses Produkt?
- Welche Veränderungen finden in Ihrem Unternehmen statt?
- Wie sieht Ihre langfristige Vision aus?

Ist-Zustands-Fragen sind ideal für den „Gesprächseinstieg". Im Idealfall gewährt Ihnen ein Kunde nach einer derartigen Einstiegsfrage sogleich umfassende Einblicke in seine Lebensumstände. Sie erfahren etwas über Kaufmotive, seine Wünsche und Ziele.

Doch aufgepasst: Die Ist-Zustands-Frage sollte insgesamt nicht zu häufig eingesetzt werden. Wenn Sie die Fragen zu häufig stellen, langweilen oder irritieren Sie den Kunden – schnell entsteht der Eindruck eines Verhörs.

Ist-Zustands-Fragen führen nicht zum Abschluss, sondern öffnen erst einmal die Tür in die Lebenswelt des Kunden. Der Kunde gibt etwas von sich preis – hier können Sie einhaken und zu den Problemfragen überleiten.

3.4 Die Problemfrage

Mithilfe der Ist-Zustands-Frage(n) haben Sie sich ein erstes Bild vom Kunden und seiner Lage gemacht. Idealerweise konnten Sie damit bereits erste Anhaltspunkte für die Erfassung seines Problems gewinnen. Der Waschmaschinenverkäufer dürfte beispielsweise unschwer erkannt haben, dass die Familie in der neuen Wohnung Platzprobleme hat. Im nächsten Schritt geht es nun darum, beim Kunden das Bewusstsein für das Problem zu schärfen, für welches Sie eine Lösung anbieten.

Beispiele für Problemfragen

- Was fehlt Ihnen bei Ihrer bisherigen Waschmaschine?
- Welche Ziele haben Sie im Hinblick auf dieses Produkt?
- Wie würde ein verbessertes Produkt Ihnen nützen?
- Welche Ergebnisse möchten Sie erreichen?
- Wie werden Sie das Ergebnis messen?
- Was würden Sie an diesem Produkt ändern, wenn es möglich wäre?
- Welche Probleme haben Sie mit dem Produkt, das Sie zur Zeit benutzen?
- Welche Probleme würden wegfallen, wenn das Produkt fehlerfrei wäre?
- Was stört Sie am derzeitigen Lieferanten?
- Was ärgert sie bei der Bedienung des Produktes?
- Wie sind Service, Lieferbereitschaft und Reklamationsbearbeitung?

- Wie wichtig sind Sie Ihrem Lieferanten?
- Hinsichtlich des Produktes: Was steht der Verwirklichung Ihrer Vision im Wege?

Selbst wenn das Problem gleich zu Beginn des Gesprächs klar ist: Zögern Sie nicht, Problemfragen zu stellen. So bekommen Sie weitere Informationen und signalisieren dem Gegenüber Interesse und Verständnis für seine Situation.

Übrigens: Ein guter Ausgangspunkt für Problemfragen sind so genannte „Stärkefragen", z. B.: „Was kann Ihre bisherige Waschmaschine denn besonders gut?"

Problemfragen führen zunächst dazu, dass der Kunde sein Problem und den daraus resultierenden Bedarf ausdrückt.

Dies ist die perfekte Vorlage für Ihren nächsten Fragenbaustein: die Auswirkungsfrage.

3.5 Die Auswirkungsfrage

Diese Stufe heißt auch Bedeutungsstufe: Haben wir genügend Informationen über den Kunden und seine speziellen Probleme gewonnen, empfiehlt es sich, Auswirkungs- bzw. Implikationsfragen zu stellen.

Ganz wichtig: Hier geht es nicht darum, jemanden zu irgendetwas zu überreden!

Die Kunst der Auswirkungsfrage besteht darin, den Kunden die Erkenntnis gewinnen zu lassen, dass eine Lösung für sein Problem dringend erforderlich ist.

Daher ist die Auswirkungsfrage das eigentliche Herzstück des Verkaufsgesprächs.

Situation I – Das Waschmaschinenbeispiel

Sie sind zwar an einer Waschmaschine interessiert, zögern aber noch mit der Neuanschaffung. Die aktuelle Situation (Umzug, alte Waschmaschine etc.) und verschiedene Probleme (beengte Verhältnisse) werden von Ihnen aber sehr wohl erkannt.

Mögliche Auswirkungsfrage des Verkäufers

„So eine alte Maxima ist ja ganz schön groß. Passen da überhaupt noch der Wäschetrockner, der Wäscheständer und die anderen Sachen ins Bad hinein?"

Situation II – Der Dübelkauf

Ein (potenzieller) Kunde sucht passende Dübel. Die Situation (Das Mauerwerk ist alt und bröckelig) und das Problem (herkömmliche Dübel halten daher nicht) werden von ihm erkannt.

Mögliche Auswirkungsfrage

„Wenn die Bilder auf den Boden fallen, könnten sie schwer beschädigt werden. Das wäre teuer, oder?"

Positive Auswirkungen

- Was bedeutet das für Sie/Ihr Unternehmen?
- Was nützt die Lösung Ihren eigenen Kunden?
- Was wird bei Ihnen dadurch profitabler?
- Welche anderen Schwierigkeiten werden dadurch beseitigt?
- Inwieweit betreffen Probleme die Produktivität?
- Was müsste geändert werden, damit dieses Produkt wirtschaftlicher funktioniert?
- Wenn die Probleme gelöst würden, was ergäbe sich noch daraus?
- Was bedeutet das Erreichen der Soll-Situation für … (Sie/Ihre Firma/Ihre Kunden/Ihre Wettbewerbssituation/Ihre Abteilung/Ihre Gewinnsituation)?

Negative Auswirkungen

- Was würde dies für Ihr Unternehmen bedeuten, wenn es nicht realisiert wird?
- Was würden Ihre Kunden sagen, wenn Sie diese Lösungen nicht hätten?
- Wie weit würde sich die Kostensituation aufzeigen, wenn wir keine Veränderungen hätten?
- Welche Schwierigkeiten können dadurch entstehen?
- Angenommen, Sie würden sich nicht für eine … (Erneuerung) entscheiden, welche Auswirkungen hätte das auf …?

Aber Vorsicht!

Auswirkungsfragen sind nicht ganz unproblematisch, selbst wenn sich das entsprechende Risiko meist kalkulieren lässt. Werden mehrere Auswirkungsfragen nacheinander gestellt, kann das dazu führen, dass sich der Kunde mit den dadurch bewusst gewordenen Problemen zunehmend unwohl fühlt. Deshalb gilt auch hier wie bei den Ist-Zustands-Fragen: Weniger ist oft mehr.

Und noch ein Tipp: Auswirkungsfragen „funktionieren" bei „logisch denkenden" Menschen besonders gut.

Die Auswirkungsfrage soll dem Kunden zu der Erkenntnis verhelfen, dass eine Lösung seines Problems dringend notwendig ist, weil andernfalls bestimmte negative Konsequenzen drohen. Sie leiten über zum eigentlichen Höhepunkt des Verkaufsgesprächs: der Nutzenfrage.

3.6 Die Zusammenfassungsfrage

Angenommen, Sie als Verkäufer haben nun mithilfe verschiedener Situations-, Problem- und Auswirkungsfragen bereits einiges über die Lebensumstände und die Situation herausgefunden und die Probleme erfasst, die den Kunden konkret belasten. Dem Kunden sind durch Ihre Fragen zudem Auswirkungen und Konsequenzen seines „Nichthandelns" bewusst. Nun muss die Aufmerksamkeit des Kunden vom Problem zur Lösung gelenkt werden. Am Ende eines solchen Gespräches sollte der Kunde seinen Problemlösungsbedarf klar erkennen und den Wunsch nach einer Lösung verspüren.

Nutzenfragen bringen den Kunden dazu, seine Bedürfnisse auf ein konkretes Kaufverlangen zu übertragen.

Situation I - Waschmaschinenkauf

„Was könnten Sie mit dem durch die schmalere Waschmaschine gewonnenen Platz alles anfangen?"

Situation II - Dübelkauf

„Welche zusätzlichen Dinge könnten Sie zu Hause mit den Spezialdübeln an Ihrer Wand befestigen, die Ihnen immer wieder im Wege sind?"

Nutzenfragen reduzieren die Neigung des Kunden, Einwände zu erheben, helfen dem Kunden, in Konsequenzen zu denken. Durch Zusammenfassungsfragen werden Sie vom Verkäufer zum Berater!

30 MINUTEN

Was bringen Auswirkungsfragen
konkret?

Lässt sich das Basissystem erfolgreicher Gespräche visualisieren?

Sind Auswirkungsfragen wirklich
so schwer zu entwickeln?

4. Umsetzung in die (Verkaufs) Praxis

4.1 Beispiel-Dialog ohne Auswirkungsfragen

Denken Sie sich ein Verkaufs-/Beratungsgespräch in einem mittelständischen Maschinenbauunternehmen:

Verkäufer: (Ist-Zustands-Frage):
„Setzen Sie Meiermann-Maschinen ein?"

Kunde: „Ja, drei Stück."

Verkäufer: (Problemfrage):
„Und wie schwierig sind diese in der Bedienung?"

Kunde: (Implizierter Bedarf):
„Sie sind schwierig, aber wir haben gelernt, mit ihnen umzugehen." (Kunde denkt: Hier habe ich ein Problemchen)

Verkäufer: (bietet Lösung an):
„Wir könnten diese Probleme mit unserem neuen Easyswitch-System leicht lösen."

Kunde: „Was würde das denn kosten?"

Verkäufer: „Die Grundausstattung liegt bei rund 120.000 Euro und ..."

Kunde: „Einhundertzwanzigtausend? So viel!"

Tja, das war wohl nichts. Doch wie wäre wohl der Dialog verlaufen, wenn der Verkäufer auf die Kraft der Auswirkungsfrage vertraut hätte? Lesen Sie selbst ...

4.2 Beispiel-Dialog mit Auswirkungsfragen

Verkäufer: (Problemfrage)
„Und wie schwierig sind die Meiermann-Maschinen in der Bedienung?"

Kunde: (Implizierter Bedarf)
„Ziemlich schwierig, aber wir haben gelernt, damit umzugehen."

Verkäufer: (Auswirkungsfrage)
„Sie sagten ziemlich schwierig. Wie wirkt sich das auf Ihre Produktion aus?"

Kunde: (sieht nur ein kleines Problem) „Kaum, denn wir haben 3 Spezialisten dafür."

Verkäufer: (Auswirkungsfrage)
„Wenn Sie nur 3 Spezialisten haben, führt das nicht zu Produktionsengpässen?"

Kunde: (sieht immer noch kein Problem)
„Nur, wenn einer der Spezialisten geht."

Verkäufer: (Auswirkungsfrage)
„Das klingt, als ob die Schwierigkeiten in der Maschinenführung zu einer höheren Fluktuation führen könnten. Ist das so?"

Kunde: (sieht das größere Problem)
„Sicher, die Maschinenführer haben keine Lust auf die Meiermann-Maschinen und bleiben deshalb nicht lange."

Verkäufer: (Auswirkungsfrage)
„Was bedeutet diese Fluktuation in Bezug auf Einarbeitungs- und Trainingskosten?"

Kunde: (sieht größeres Problem)
„Nun, bis der neue Maschinenführer effektiv arbeitet, kostet das rund 4.000 Euro Produktionsausfall in den ersten 3 bis 4 Monaten. Dazu kommen 1.200 Euro für ein spezielles Meiermann-Seminar sowie Reisekosten, also insgesamt gut 6.000 Euro pro Maschinenführer. Allein dieses Jahr haben wir schon 5 ausgebildet."

Verkäufer: (Auswirkungsfrage)
„Das sind also mehr als 30.000 Euro Trainingskosten in weniger als 6

Monaten. Wenn Sie 5 Maschinenführer in einem halben Jahr ausgebildet haben, dann – vermute ich – hatten Sie zu keiner Zeit 3 Profis in der Produktion. Zu welchen Ausfällen hat das geführt?"

Kunde: „Im Prinzip zu keinem. Wenn wir einen Engpass hatten, gab es Überstunden oder die Arbeit wurde nach draußen vergeben."

Verkäufer: (Auswirkungsfrage) „Haben die Überstunden die Kosten nicht noch weiter in die Höhe getrieben?"

Kunde: (fängt an, das Problem zu begreifen) „Ja, wir zahlen für Überstunden viel mehr. Und trotz dieser guten Bezahlung haben die Maschinenführer die Wochenendarbeit satt. Das ist wohl einer der Gründe für die hohe Fluktuation."

Verkäufer: „Wenn Sie die Arbeit nach draußen vergeben, wird das auch nicht gerade billiger. Wirkt sich der Einsatz von Subunternehmern auch in anderer Hinsicht – zum Beispiel auf die Qualität – aus?"

Kunde: „Das macht mir am meisten Kopfschmerzen. Ich kann die hausinterne Qualität zu 100 Prozent garantieren, aber draußen bin ich anderen ausgeliefert."

Verkäufer: (Auswirkungsfrage) „Subunternehmer einzusetzen, liefert Sie deren Termintreue oder Untreue aus?"

Kunde: „Hören Sie mir bloß damit auf! Ich habe gerade 3 Stunden Sherlock Holmes gespielt, um eine verspätete Sendung zu finden."

Verkäufer: (fasst zusammen) „Also führten die Schwierigkeiten in der Meiermann-Maschinen-Bedienung dazu, dass Sie dieses Jahr schon über 30.000 Euro in Trainingskosten investiert haben. Produktionsengpässe führen zu teuren Überstunden oder zwingen Sie, Arbeit nach draußen zu vergeben. Subunternehmer liefern zum Teil schlechtere Qualität und halten die Lieferfristen nicht ein."

Kunde: „So betrachtet, sind die Dinger wirklich ein großes Problem!"

Verkäufer: „Jetzt ist mir klar, warum die Problemlösung für Sie so wichtig ist."

4.3 Die Grundstruktur

Stark vereinfacht, lässt sich die Struktur eines solchen Fragen- und Gesprächssystems in folgendem grafischen Modell darstellen:

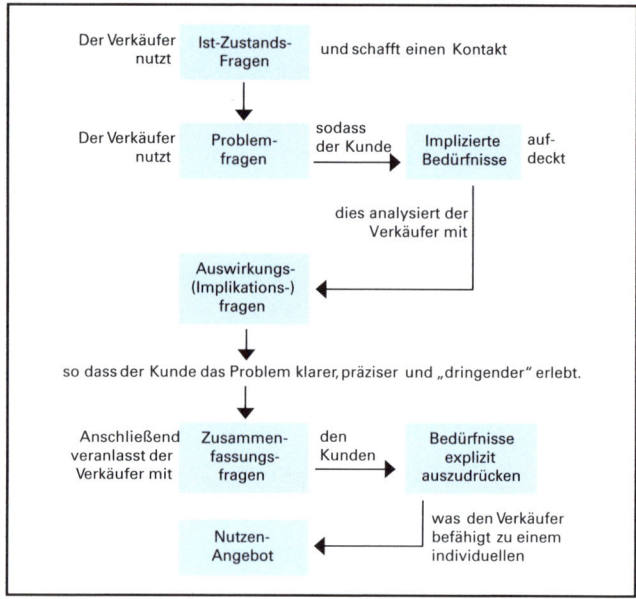

Diese Fragentypen bauen logisch aufeinander auf und bringen Sie, gut formuliert und strategisch geschickt eingesetzt, Schritt für Schritt voran.

Dahinter verbirgt sich folgende Strategie:

Der Verkäufer nutzt Ist-Zustands-Fragen und stellt dadurch einen ersten persönlichen Kontakt zum Kunden her.

Die Problemfragen bewirken, dass der Kunde sich über seine Probleme und Bedürfnisse klar wird. Diese analysiert der Verkäufer mithilfe von Auswirkungsfragen, sodass der Kunde das Problem in all seinen unmittelbaren Auswirkungen für sich nachvollziehen kann.

Anschließend veranlasst der Verkäufer den Kunden mithilfe von Zusammenfassungsfragen dazu, ein die Kundenprobleme lösendes und Nutzen bringendes Angebot als einzig sinnvolle Handlungsalternative wahrzunehmen.

4.4 Tipps zum Design von Problemfragen

Schon bevor Sie in einen Dialog mit dem Kunden über dessen Situation bzw. dessen Probleme eintreten, sollten Sie sich Gedanken über mögliche Problemfälle machen, für die Sie Lösungen anbieten können.

Fragen Sie sich deshalb vor jedem Verkaufsgespräch:

- Welche Probleme kann ich für den Kunden lösen?
- Notieren Sie drei potenzielle Probleme des Kunden, die Ihre Produkte und Dienstleistungen lösen können.
- Notieren Sie einige Beispiele für Problemfragen, die Sie stellen wollen, um jedes der potenziellen Kundenprobleme identifizieren zu können.
- Notieren Sie einige Beispiele für Stärkefragen, welche die Grundlage für nachfolgende Problemfragen bilden.

4.5 Tipps zum Design von Auswirkungsfragen

Auswirkungsfragen sind das Herzstück einer professionellen Fragestrategie und gelten als schwierig. In unserer alltäglichen Kommunikation verwenden wir solche Fragen kaum. Vor allem dann, wenn es darum geht, ganz spontan – aus einer bestimmten Gesprächssituation heraus – Auswirkungsfragen zu stellen, sind viele Menschen völlig überfordert.

Meine Empfehlung: Arbeiten Sie Musterfragen vor einem anstehenden Gespräch schriftlich aus! Und noch ein Tipp: Fragen Sie nur zu solchen Kundenproblemen, die Sie tatsächlich lösen können.

Und überlegen Sie ...

- Welche weiteren Schwierigkeiten sind mit diesem Problem verbunden?
- Zu welcher Art von Negativ-Konsequenzen für den Kunden hat dieses Problem geführt?
- Welche weiteren Negativ-Konsequenzen drohen ihm in Zukunft?
- Welche Negativ-Konsequenzen sind dem Kunden nicht bewusst und könnten sein Problembewusstsein nachdrücklich verstärken?
- Notieren Sie zu jeder denkbaren Schwierigkeit mindestens ein Beispiel für eine Auswirkungsfrage.

4.6 Tipps zum Design von Zusammenfassungsfragen

Nutzenfragen zu formulieren, lässt sich gerade auch im privaten Umfeld recht einfach und schnell erlernen. Lenken Sie z. B. das Gespräch auf ein konkretes Bedürfnis Ihres Gesprächspartners (z.B. eine neue Stereoanlage) und fragen Sie ihn/sie dann:

- Warum, denkst du, wäre es gut, die Stereoanlage zu haben?
- Was kann die neue Stereoanlage, was deine alte nicht kann?
- Würde irgend jemand sonst in der Familie sich darüber freuen?

Um die konkrete Umsetzung im beruflichen Umfeld klar vor Augen zu führen – hier noch einmal ein Beispiel-Dialog, der das Fragendesign von Zusammenfassungs-Fragen im Verkaufsbereich verdeutlicht:

Beispiel-Dialog

Verkäufer: (Problemfrage)
„Sie haben zu viele Tippfehler in Ihrer ausgehenden Korrespondenz?"

Kunde: (Implizites Bedürfnis)
„Ein paar. Nicht mehr als andere Büros, aber mehr, als ich mir wünsche."

Verkäufer: „Sie sagen: Mehr als Sie sich wünschen. Heißt das, dass einige dieser Fehler in Kundenschreiben zu Problemen oder Missverständnissen führen, wenn Sie diese versenden?"

Kunde: „Das ist extrem selten. Sehen Sie, ich kontrolliere alle wichtigen Dokumente persönlich, bevor sie unser Haus verlassen."

Verkäufer: (Implikationsfrage)
„Kostet das nicht sehr viel Zeit?"

Kunde: „Viel zu viel. Aber immerhin besser als ein Dokument mit Fehlern rauszuschicken – insbesondere, wenn es zum Beispiel um Angebotszahlen geht."

Verkäufer: (Implikationsfrage)
„Heißt das, Fehler in den Angebotszahlen haben gravierendere Konsequenzen als Fehler im Text?"

Kunde: „Oh ja, wir könnten uns zu unserem Nachteil an ein Angebot binden, bei dem wir draufzahlen – oder aber dem Kunden den Eindruck geben, wir seien entweder nachlässig oder schlampig. Deshalb ist es besser, ich investiere täglich zwei Stunden in die Angebotskontrolle, auch wenn ich genug anderes zu tun hätte."

Verkäufer: (Nutzenfrage)
„Angenommen, Sie könnten die Zeit für tägliche Angebotskontrollen einsparen. Was würden Sie in dieser Zeit dann tun?"

Kunde: „Ich würde meine Büro-Mannschaft trainieren."

Verkäufer: (Zusammenfassungsfrage)
„Und das würde deren Produktivität erhöhen?"

Kunde: „Ganz erheblich. Sehen Sie, im Augenblick habe ich Mitarbeiter, die unsere Maschinen teilweise noch gar nicht kennen – unseren neuen Grafik-Plotter zum Beispiel. Diese Mitarbeiter müssen warten, bis ich Zeit dazu habe, diese Dinge zu erledigen."

Verkäufer: (Auswirkungs- bzw. Implikationsfrage)
„Das heißt: Die Zeit, die Sie mit Angebotskontrolle verbringen, führt zu einem Engpass, der auch andere in ihrer Arbeit aufhält?"

Kunde: „Und ob. Ich bin völlig überlastet!"

Verkäufer: (Zusammenfassungsfrage)
„Dann würde also alles, was Ihren Zeitbedarf für die Angebotskontrolle reduziert, nicht nur Ihnen helfen, sondern auch die Produktivität Ihrer Mitarbeiter erhöhen."

Kunde: „Richtig."

Verkäufer: (Zusammenfassungsfrage)
„Okay, ich sehe schon, dass die Reduzierung Ihres Aufwandes für die Angebotskontrolle den gegenwärtigen Engpass beheben könnte. Würde die Minimierung der Fehlerquote sich noch in anderer Weise positiv auswirken?"

Kunde: „Sicher. Für die Mitarbeiter ist es sehr lästig, Korrekturen vorzunehmen. Von daher wäre es für ihre Motivation förderlich, wenn es weniger nachzubessern gäbe."

Verkäufer: „Und weniger Korrekturzeit würde vermutlich auch Kosten sparen helfen."

Kunde: „Stimmt. Und das hat in unserer Abteilung derzeit hohe Priorität."

Verkäufer: (fasst zusammen)
„Okay. Das bedeutet, dass die derzeitige Fehlerquote zu teuren Korrekturen führt und die Mitarbeiter nicht motiviert. Wenn Fehler, insbesondere bei Angebotsdaten, an Kunden rausgehen, kann dies zu Folgeschäden führen. Sie versuchen derzeit, dem weitgehend vorzubeugen, indem Sie täglich circa 2 Stunden Angebote Korrektur lesen. Das hält Sie davon ab, Zeit für das Einarbeiten und Training der Mitarbeiter zu investieren, was wiederum zu einem Engpass in Ihrer Abteilung führt und die Produktivität aller Mitarbeiter einschränkt."

Kunde: „So gesehen trifft uns der Korrekturaufwand schon sehr stark. Wir können das Problem jedenfalls nicht länger ignorieren und müssen etwas tun."

Verkäufer: (präsentiert Nutzen):
„Gut, dann lassen Sie mich Ihnen zeigen, wie unser Textgenerator Ihnen hilft, Fehler- und die damit verbundenen Korrekturzeiten drastisch zu verkürzen ..."

Zusammenfassungsfragen machen dem Verkäufer die Situation klarer und verdeutlichen andererseits dem Kunden die eigene Situation (wie sie jetzt ist: Ohne das neue Produkt, die neue Dienstleistung zu berücksichtigen). Sie ermöglichen eine nutzenorientierte Darstellung von direkten und indirekten Leistungsspektren und deren Auswirkungen.

Doch Vorsicht!

Nutzenfragen können den Verkäufer auch schnell in eine Sackgasse führen, wenn dem potenziellen Käufer keine adäquaten Nutzen vermittelt werden können. Deshalb folgender Tipp zum Abschluss: Stellen Sie Nutzenfragen nur zu solchen Themenbereichen, in denen Sie auch einen konkreten Nutzen anbieten können!

Zusammenfassend lege ich Ihnen zum Thema Fragendesign im Bereich Verkauf folgenden Rat ans Herz:

Ein optimales Fragendesign beruht auf einer gründlichen Vorbereitung. Machen Sie sich deshalb zuerst selbst ein klares Bild vom Umfang Ihrer Dienstleistungen oder Produkte. Erstellen Sie eine Liste möglicher Probleme, für die Sie Lösungen anbieten können, und denken Sie sich mögliche Implikations- und Zusammenfassungsfragen aus.

Viel Erfolg!

Fast Reader

1. Was sich mit Fragen erreichen lässt

Gezielte Fragen helfen dabei, das Gespräch in eine Richtung zu lenken!
Doch Vorsicht: Vor allem in/bei
- *projektvorbereitenden Besprechungen*
- *Beratungsgesprächen*
- *Verkaufsgesprächen*

ist eine genaue Problemdefinition zwingend.
Die Lösung eines Problems ist die Hauptfunktion einer zielgerichteten Fragenstrategie.

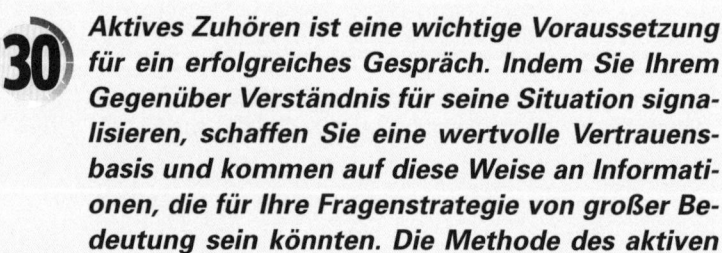

Aktives Zuhören ist eine wichtige Voraussetzung für ein erfolgreiches Gespräch. Indem Sie Ihrem Gegenüber Verständnis für seine Situation signalisieren, schaffen Sie eine wertvolle Vertrauensbasis und kommen auf diese Weise an Informationen, die für Ihre Fragenstrategie von großer Bedeutung sein könnten. Die Methode des aktiven

Zuhörens ist daher eine wichtige Ergänzung Ihrer Fragetechnik.

2. Die grundsätzlichen Fragentypen

Schließende Fragen beschließen eine Gesprächs-einheit.
Schließende Fragen erleichtern die Kommunikation in Situationen, in denen ein Sachverhalt zielgerichtet bestätigt werden muss oder wenn ein Verhandlungsziel angestrebt wird. Sie sind ergebnisorientiert und helfen dabei, wichtige Punkte in einem Gespräch herauszustreichen und festzuhalten.
Suggestivfragen sind eine Sonderform der schließenden Frage. Sie motivieren den Gesprächspartner, einer bestimmten Aussage zuzustimmen.
Alternativfragen sind mit den schließenden Fragen verwandt. In einer fortgeschrittenen Gesprächs-situation verhelfen Alternativfragen zur Klärung von Details und somit dazu, Verhandlungen zu einem schnellen Abschluss zu bringen.
Ganz öffnende Fragen sind W-Fragen, mit denen Informationen gesammelt werden können und mit deren Hilfe man dem Gesprächspartner individuelle und umfassende Aussagen entlockt. Mithilfe von öffnenden Fragen gelingt es Ihnen, Sachzusammenhänge zu verstehen und den Wissens-

stand des Gesprächspartners einzuschätzen. Auf diesen Erkenntnissen können Sie dann Ihre weitere Fragestrategie aufbauen.

3. Fragen in Überzeugungsprozessen

Es gibt eine eindeutige, statistisch erfasste Beziehung zwischen dem gezielten Gebrauch von Fragen und dem Verkaufserfolg. Manche Fragentypen sind deutlich erfolgreicher als andere. Wobei eine sinnvolle Fragenkategorisierung weit über die klassische Unterteilung in „offene" und „geschlossene" Fragen hinausgeht.

Grundsätzlich gilt: Wer richtig fragt, bekommt auch die richtigen Antworten.

Ist-Zustands-Fragen führen nicht zum Abschluss, sondern öffnen erst einmal die Tür in die Lebenswelt des Kunden. Der Kunde gibt etwas von sich preis – hier können Sie einhaken und zu den Problemfragen überleiten.

Die Auswirkungsfrage soll dem Kunden zu der Erkenntnis verhelfen, dass eine Lösung seines Problems dringend notwendig ist, weil andernfalls bestimmte negative Konsequenzen drohen. Sie leiten über zum eigentlichen Höhepunkt des Verkaufsgesprächs: der Nutzenfrage.

Nutzenfragen reduzieren die Neigung des Kunden, Einwände zu erheben, helfen dem Kunden, in Konsequenzen zu denken. Durch Zusammenfassungsfragen werden Sie vom Verkäufer zum Berater!

30

4. Umsetzung in die (Verkaufs) Praxis

Meine Empfehlung: Arbeiten Sie Musterfragen vor einem anstehenden Gespräch schriftlich aus! Und noch ein Tipp: Fragen Sie nur zu solchen Kundenproblemen, die Sie tatsächlich lösen können. Zusammenfassungsfragen machen dem Verkäufer die Situation klarer und verdeutlichen andererseits dem Kunden die eigene Situation (wie sie jetzt ist: Ohne das neue Produkt, die neue Dienstleistung zu berücksichtigen). Sie ermöglichen eine nutzenorientierte Darstellung von direkten und indirekten Leistungsspektren und deren Auswirkungen.

Ein optimales Fragendesign beruht auf einer gründlichen Vorbereitung. Machen Sie sich deshalb zuerst selbst ein klares Bild vom Umfang Ihrer Dienstleistungen oder Produkte. Erstellen Sie eine Liste möglicher Probleme, für die Sie Lösungen anbieten können und denken Sie sich mögliche Implikations- und Zusammenfassungsfragen aus.

Weiterführende Literatur

- Asgodom, Sabine; Scherer, Hermann: Jetzt komm' ich! Landsberg, mvg, 2001

- Christiani, Alexander: Magnet Marketing, Frankfurt, Frankfurter Allgemeine Zeitung 2002

- Christiani, Alexander: Verkaufstraining, Frankfurt, 1999

- Rackham, Neil: Spin Selling, New York, McGraw-Hill Publ. Comp., 1996

- Rackham, Neil: The Spin Selling Fieldbook, New York, McGraw-Hill Publ. Comp., 1996

- Scherer, Hermann: Erfolg im Vertrieb mit Future skills, sales business 06/01 S. 83, Wiesbaden, Gabler Verlag 2001

- Scherer, Hermann: Erfolgreich verhandeln, sales business 05/01 S. 83, Wiesbaden, Gabler Verlag 2001

- Scherer, Hermann: Ganz einfach verkaufen, Offenbach, Gabal Verlag, 2003

- Scherer, Hermann: Jeder Tag ist Schlussverkauf, Offenbach, Gabal Verlag, 2001

- Scherer, Hermann: Lust auf Profilierung Buchbeitrag aus „Mehr Lust auf Leistung", Rosewich, Evelyn (Hrsg.) Offenbach, Gabal Verlag, 2003

- Scherer, Hermann: Sie bekommen nicht, was Sie verdienen, sondern was sie verhandeln, Offenbach, Gabal Verlag, 2002

- Scherer, Hermann (Hrsg.): Von den Besten profitieren, Offenbach, Gabal Verlag, 2001

- Von Münchhausen, Marco; Scherer, Hermann: Die kleinen Saboteure, Frankfurt, Campus Verlag, 2003

Der Autor

Hermann Scherer ist Autor, Wissenschaftler und Redner. Über 2.000 Vorträge vor rund 400.000 Menschen, 30 Bücher in 12 Sprachen, erfolgreiche Firmengründungen, Vorlesungen an mehreren europäischen Universitäten sowie dem Management-Seminar der Universität St. Gallen, eine anhaltende Beratertätigkeit und immer neue Ziele – das ist Hermann Scherer. Er lebt in Zürich und ist in der Welt zu Hause, wo er mit seinen mitreißenden Auftritten Säle füllt. Der mehrfach ausgezeichnete Business-Experte »zählt zu den Besten seines Faches« (Süddeutsche Zeitung).

Register